美丽 智慧

〔美〕彼得·伯恩哈特 著

刘华杰 译

玫瑰之吻：花的博物学

THE ROSE'S KISS: A NATURAL HISTORY OF FLOWERS

上海交通大学 出版社

内容提要

本书是美国圣路易斯大学生物系教授伯恩哈特撰写的一部关于花的博物学著作。作者生动展示了花在地球上的演化历程，描述了花的结构、多样性和适应性，细致讨论了花与昆虫的互动、花与人类的密切关系。博物爱好者阅读这部融入了专业研究的通俗著作，能更好地欣赏周边的美丽植物，在更大的视野中理解演化的精致与大自然的复杂性。

图书在版编目（CIP）数据

玫瑰之吻：花的博物学 /（美）伯恩哈特著；刘华杰译. —上海：上海交通大学出版社，2016（2017 重印）
ISBN 978-7-313-14124-8

I. ①玫… II. ①伯… ②刘… III. ①花卉—介绍—世界 IV. ①S68

中国版本图书馆CIP数据核字（2015）第278652号

玫瑰之吻：花的博物学

丛书主编：刘华杰

著　　者：[美]彼得·伯恩哈特			译　者：刘华杰	
出版发行：上海交通大学出版社			地　址：上海市番禺路 951 号	
邮政编码：200030			电　话：021- 64071208	
出 版 人：郑益慧				
印　　制：苏州市越洋印刷有限公司			经　销：全国新华书店	
开　　本：787mm×960mm　1/16			印　张：17.5	
字　　数：205 千字				
版　　次：2016 年 1 月第 1 版			印　次：2017 年 5 月第 2 次印刷	
书　　号：ISBN 978-7-313-14124-8 / S				
定　　价：58.00 元				

献给我的妻子琳达
你是我永远的玫瑰

博物学文化丛书总序

博物学（natural history）是人类与大自然打交道的一种古老的适应于环境的学问，也是自然科学的四大传统之一。它发展缓慢，却稳步积累着人类的智慧。历史上，博物学也曾大红大紫过，但最近被迅速遗忘，许多人甚至没听说过这个词。

不过，只要看问题的时空尺度大一些，视野宽广一些，就一定能够重新发现博物学的魅力和力量。说到底，"静为躁君"，慢变量支配快变量。

在西方古代，亚里士多德及其大弟子特奥弗拉斯特是地道的博物学家，到了近现代，约翰·雷、吉尔伯特·怀特、林奈、布丰、达尔文、华莱士、赫胥黎、梭罗、缪尔、法布尔、谭卫道、迈尔、卡逊、劳伦兹、古尔德、威尔逊等是优秀的博物学家，他们都有重要的博物学作品存世。这些人物，人们似曾相识，因为若干学科涉及他们，比如某一门具体的自然科学，还有科学史、宗教学、哲学、环境史等。这些人曾被称作这个家那个家，但是，没有哪一头衔比博物学家（naturalist）更适合于描述其身份。中国也有自己不错的博物学家，如张华、郦道元、沈括、徐霞客、朱橚、李渔、吴其濬、竺可桢、陈兼善等，甚至可以说中国古代的学问尤以博物见长，只是以前我们不注意、不那么看罢了。

长期以来，各地的学者和民众在博物实践中形成了丰富、精致的博物学文化，为人们的日常生活和天人系统的可持续生存奠定了牢固的基础。相比于其他强势文化，博物学文化如今显得低调、无用，但自有其特色。博物学文化本身也非常复杂、多样，并非都好得很。但是，其中的一部分对于反省"现代性逻辑"、批判工业化文明、建设生态文明，可能发挥独特的作用。人类个体传习、修炼博物学，能够开阔眼界，也确实有利于身心健康。

中国温饱问题基本解决，正在迈向小康社会。我们主张在全社会恢复多种形式的博物学教育，也得到一些人的赞同。但对于推动博物学文化发展，正规教育和主流学术研究一时半会儿帮不上忙。当务之急是多出版一些可供国人参考的博物学著作。总体上看，国外大量博物学名著没有中译本，比如特奥弗拉斯特、老普林尼、格斯纳、林奈、布丰、拉马克等人的作品。我们自己的博物学遗产也有待细致整理和研究。或许，许多人、许多出版社多年共同努力才有可能改变局面。

上海交通大学出版社的这套"博物学文化丛书"自然有自己的设想、目标。限于条件，不可能在积累不足的情况下贸然全方位地着手出版博物学名著，而是根据研究现状，考虑可读性，先易后难，摸索着前进，计划在几年内推出约二十种作品。既有二阶的，也有一阶的，比较强调二阶的。希望此丛书成为博物学研究的展示平台，也成为传播博物学的一个有特色的窗口。我们想创造点条件，让年轻朋友更容易接触到古老又常新的博物学，"诱惑"其中的一部分人积极参与进来。

丛书主编 刘华杰

2015 年 7 月 2 日于北京大学

中文版序言

　　如果你想给一位美国植物学家留下深刻印象，那么就在严酷的寒冬在他周围置满花朵。2007年1月，我出席了在北京召开的首届中国兰花及中国兰文化大展。展览会的组织者邀请我讲讲野生兰花是如何传粉的。这是我第一次访问中国。

　　来自中国各地的数百人出席了展览会。我观察到他们打开包装箱，从每株兰花上摘下用于防止碰撞和用于保温的蓬松保护层，取出鲜活的兰花。接下来，我们出席了一个表现当代中国艺术家依然热衷的兰花绘画展。在北京，无论我走到哪，都能看到花卉图案。在宴会上，新鲜蔬菜被雕刻成花的形状来装饰餐盘。在剧院，我注意到演出以男声《在那桃花盛开的地方》这样一首爱国歌曲收场。我花了两个下午的时间参观故宫博物院，看到古代的睡袍上绣着花，瓷器上绘着花，家具上雕着花。在王府井大街，我为母亲买了一个首饰盒。盒子上面镶嵌着用珍珠贝贝壳制作的梅花。中国兰文化大展结束后，我受邀到中国科学院植物研究所访问。第一天，我被领去参观北京植物园复杂的温室系统，了解到他们用微小的兰花种子大量繁殖兰花植株的繁育计划。为迎接奥运会，他们聪明的园艺师栽种出许多马赛克式的小仙人球，摆出中国奥运会"中国印·舞动的北京"的徽章。

只有一个可能的结论：中国依然保留着一种文化，适于在科学、艺术和生活的方方面面表现花的复杂与精致。在这儿，我不可能教导中国人如何欣赏花，也不可能教导他们如何理解通常的植物。

你可以想象到，当我于 2008 年 3 月收到刘华杰教授的一封信时是多么吃惊，他告诉我中国要出版我的书。北京大学出版社从美国的"岛屿出版公司"（Island Press）购买了《玫瑰之吻》（*The Rose's Kiss*）的中文版版权。①刘教授请我对书中一些词句的确切意思略作说明。我想这可能是在开玩笑，我打电话询问出版社在华盛顿特区办公室的编辑，编辑向我确认了北京大学出版社购买版权的事宜。之前，我的一本旧作《自然韵事》（*Natural Affairs*，1993）曾被译成日文出版，后来我这本《玫瑰之吻》在 2001 年出过法文版。但这是第一次有中文译者跟我联系。同一部书能出版多种译本，让我们植物学家进一步体会到"科学语言是普适的"。

我在北京的两周期间了解到一些事情，但并不知道中国的植物学教授是如何将他们的研究和专业兴趣传达给普通公众的。刘华杰教授告

---

① 指中译本第一版的情况，目前版权期限已过。上海交通大学出版社于 2014 年重新购买了翻译版权。

诉我，在当代中国，极少有植物学教授愿意撰写关于植物生活的通俗著作。

按中国的标准，美国的科学家和教授撰写非技术性的图书和文章来普及科学的传统，也是很近期的事情。一些科学史家可能指出，这一传统从哈佛大学第一位植物学教授格雷（Asa Gray，1810—1888）时起就已经启动了。他的一些图书捍卫了达尔文的理论，并向许多美国人介绍了在我们的森林、湖泊和草地上可以见到的野生植物。正如我们将在本书第一章中看到的，美国教授坚持进行大众科学写作，但是这并不是一种一般性的职业（common occupation）。如果你是博物馆或植物园的一名管理员，你可能会写一些文章或图书（小册子）向参观者介绍自己的收藏。不过，这仍然是一个事实：一些美国大学和生物学或植物学系并不鼓励撰写通俗科学图书。有些行政管理者认为，撰写通俗著作势必减少一个教授可能用于讲课、做研究、写论文或申请基金的时间。通俗科学图书不会被视为你年度报告中的一个重要部分。

就算我们美国的教授撰写了科学方面的通俗读物，也无法保证有地方愿意出版我们的作品。许多美国出版商拒绝通俗科学著作方面的稿件，因为编辑知道这类图书的读者有限。正如你在导言中可以看到的，有时确实很难找到年轻而有热情的读者。美国的科学教授可以向少数全国性的杂志《博物学》、《科学美国人》和《发现》等杂志投稿，但植物学家却必须与天文学家、生物化学家和动物学家竞争有限的版面。一些生活在小城市的教授，还可以为地方报纸写点小文章。

现在也许轮到中国的植物学教授和其他生命科学的教授来为中国人以及世界上其他地方的人们展示点什么了。他们能做什么呢？中国对植物生命的研究是激动人心的，因为它正在向我们展示许多新内容：生命在这个星球上过去如何进化，现在又将如何继续进化。你不相信吗？
《玫瑰之吻》第一版出版于 1999 年，当时还来不及收入中国东北发现的
化石方面令人兴奋的新信息。化石给出了生活在 1.25 亿年前的开花植
物形态和解剖学特征上的新信息。因此，本书中文版现在第一次补充
收入了有关已灭绝的古果（*Arcahefructus*）植物的内容，这种植物的化
石出自辽宁省的地层（见第十七章）。相比下来，我们的美国读者必须
耐心等待（不知要等到猴年马月），才有可能在新的英文版中读到这些
内容。

　　那么我如何知道中国的植物学研究令人兴奋呢？在过去的三年里，
我非常幸运能与北京的中国科学院植物研究所罗毅波教授合作。我们一
起实施了一项小型的、但却是由中国和北美协同发起的国际化研究计
划：比较兰花和其他植物类群的传粉和花的进化。我们对中国、加拿大
和墨西哥山区及森林中的杓兰属（*Cypripedium*）特别感兴趣。通过对
不同种进行观察和比较，我们将弄清楚这些花儿是如何欺骗昆虫落入其
囊状的唇瓣里并为之携带花粉的。如果你对此有兴趣，请耐心一点。花
的进化，是罗教授和我必须撰写更多图书来阐述的一个广阔的话题。

伯恩哈特（Peter Bernhardt）

圣路易斯大学生物系，美国密苏里州圣路易斯市，63103

2008 年 12 月 22 日

目 录 | CONTENTS

"玫瑰，"我唱道，"或粉红或苍白，
它像少女燃烧的激情，
炽爱与嫉妒轮番呈现。
它的蓓蕾是等待接吻的嘴唇；
开放的花朵一如片片幸福的绯红，
落在情人的脸颊上。"

——泰勒（Bayard Taylor），《罕桑·本·哈立德》（Hassan Ben Khaled）

导言
超越花店

鲜花伴随我们度过人生中情绪最为起伏的时刻。高中生在舞会中献上鲜花，或者接受花束；求爱、婚礼、结婚纪念日必须有鲜花；葬礼上，哀悼者表示敬意的鲜花、花环使场面更为素雅，有助于减缓悲伤带来的直接冲击。

当生活变得比较富裕时，花通常成为衡量我们生活质量的一把标尺。当我们在房屋周围拥有更多土地时，我们就想修建一个花园，以便能够目睹万千种颜色，嗅到最为丰富的芳香。在室内花瓶和陶盆中，还可以不依赖于气候、季节或植物的自然地理，接连不断地展示鲜花。

剑桥大学人类学教授古迪（Jack Goody）写了一本《花的文化》（*The Culture of Flowers*），在这部有趣的著作中他讨论了鲜花与古老宗教之间的复杂关系。某些礼拜堂中，从来不允许放置花束，因为祭司认为花寓意着轻浮、淫荡和奢华。他们甚至把花与异教和域外邪教的罪恶行为联系在一起。

相反，有些教派很看重花，并把它们视为欢乐、复活、丰饶的象征，视为存在仁慈的造物主的最纯粹的证据。圣日和礼拜仪式中如果没有花则不完备。公开或私密性的祈祷活动中，通常要用花来装饰备受尊崇的神龛或圣坛，当花显出凋谢迹象时要尽早换上鲜花。

在多数社会中，食物源于花。花椰菜、绿菜花（又名青花菜、西兰花、茎椰菜）以及许多果实和坚果是最直接的例子，不过，花的地位也变得更为微妙。我们在制作面包炉以及盛菜的盘子、碗时，都用花的图案来装饰——这些花分属于禾本科植物的若干个种。我们很少有人注意到玉米雄花序和麦穗上短暂一现的小花，可是如果没有它们，就不会有可以食用的谷物。几乎所有吃粮食长大的动物，包括饲养的鲇鱼，现在都靠由这些谷物和一些大豆混成的食物过活、长膘，而所有的大豆产品也都来源于一簇一簇的花，它们点着头，呈奶油色，在春日的微风中摇曳。[①]

如果说花养活了美利坚合众国的居民，并为其文化注入生机，那么在 20 世纪快要结束之际[②]，美国人为何如此热衷于把它们逐出科学课的课堂？作为一名大学教授，我处于一个完美的位置，能够看到植物科学何以受到冷落。纽约的一些高中生物学教师告诉我，他们已经从课程

---

① 译者原来怀疑"春日"的说法。询问原作者，得到的答复是，大豆有许多品种，在美国的某些地方，大豆的确是在春天就开花，不必等到夏天；花的颜色也多样。——本书脚注皆为译者注。

② 本书英文版出版于 1999 年。

表中删除了植物学，因为它令学生厌烦。圣路易斯的初中教师说，他们每学年的植物学课程，都要安排一次到密苏里植物园的野外旅行。教师的确在履行职责，而有些家长则不领情，生怕孩子在植物园中受罪。一些母亲在大学名录中找到我的名字，请我为其孩子的项目支招或为他们提供一些文献。"如果你不给我儿子任何信息，他可能就不得不去图书馆了，"其中的一个母亲说。

不要假定植物学教育随着年轻学子踏入大学就会得到改进。在多数地处城市的校园中，许多选修生物学的学生认为，生物学的一个本科学位，仅仅是通向医学院的一个跳板。他们怀着怨气接触植物学，确信他们最好把时间花在医学院入学考试所包含的科目上。不幸的是，一些大学也染上了这种恐惧症。比如，俄亥俄州一所知名大学最近的一份教育报告就鼓吹普通生物学课程要现代化。主要的改革似乎是，不再硬性要求学生了解苔纲地钱的生活史，只用一个下午的实验课就打发了相关课程。在圣路易斯大学，生物系学士学位所要求的植物科学的课时数，最近被砍掉一半（我的同行教授在我不在美国时，"修订"了课程表）。

将来打算从事法律、人文、商业或媒体行业的大学生，有必要学一门关于植物生活的课程吗？在美国，大学坚持认为，所有想在任何一种人文学科取得学位的学生，都必须修一门或两门自然科学课程。问题是，许多大学都倾向于降低标准，提供一种掺了水的"课程自助餐"。没错，通常有"诗人植物学"（Plants for Poets）之类课程，不过它必须与另外一些浮夸的课程相竞争，如"会计师动物学"（Animals for Accountants）、"郁闷者气象学"（Weather for the Weary）、"大众分子生物学"（Molecules for the Masses）以及曾经很火的"运动员振动力学"（Rocks for Jocks）等等。

一些批评者认为，公众对植物科学失去兴趣，是植物学家们把这个领域转变成充斥行话的要塞的结果。他们说，植物学家把一些生气勃勃的人物拒之门外，用一堆沉闷的、在若干死语言的基础上重新发明出来的术语，令植物学这个领域复杂化。情况或许是这样，可是又如何解释公众对医学的喜爱呢？医学科学的术语可能更加复杂，但是传媒和娱乐业的明显成功表明，大众对人体最技术化的方面颇为着迷。

具有讽刺意味的是，植物学与医学有着共同的起源，这两个学科依然沿用着一些希腊语和拉丁语词汇。当然，这两个领域可能以很不同的方式使用同样的词语。古希腊人认为，野生兰花（*Orchis*）鳞茎状①的地下器官很像成对的睾丸。于是，当现代的外科医生提议做"orchiectomy"②时，病人实际得到的是阉割，而不是胸花。

我们似乎更愿意学习那些不熟悉的词语——如果它们与我们个人的健康有关。多数受过教育的人可能多少知道下述一些词的大概意思：*diabetes*（糖尿病），*insulin*（胰岛素）和*pancreas*（胰腺）。倘若一名家庭医生能用一堆医学术语避免向家庭成员直接透露患者所患疾病的严重性，这倒不是件坏事。那么，人们为何更多地记住了医学上的*pancereas*（希腊语，三个音节，意思是"胰腺"）而不是植物学上的*corolla*（拉丁语，三个音节，意思是"花冠"）呢？很显然，人体器官和植物器官最终都影响到我们生活的一些方面。

在20世纪初，比较普遍的是相反的情况。从当时学校的教科书来推断，20世纪初多数受教育的人可能知道更多关于花的事，而关于我们自身则知道得不够多。翻看那些旧教科书时，我吃惊地发现，它们在

---

① 按植物学的叫法，实际是一种假鳞茎。
② 这个英文词的字面意思是"睾丸切除术"。

当下仍然适用，尽管在那个时代它们是为升入高中前的孩子准备的。在
1910 年，倘若一个 12 岁的孩子读了其中一本书（及书中细致入微的图
画），他（她）可能已经掌握我现在每年给大学生开设的秋季课程内容
的 50% 以上——同样是讲苔藓的生活史，种子的解剖，以及向根输送
营养物质和向叶输送水分的树干组织的解剖。

伟大的女人类学家米德（Margaret Mead，1901—1978）来自同一个
传统，她的童年正好处在 20 世纪早期。在自传《黑莓冬日》（*Blackberry
Winter*）[①] 中，她描述了在家里祖母如何教育她。祖母让她到户外去完
成一些任务，如采集薄荷一类植物。现在我大学的学生似乎也难以完成
这样的作业，他们觉得太麻烦了。

在 20 世纪的头 30 年中，如果学生们能欣赏乡村女教师所教的东
西，他们就有机会发展自己对花的兴趣。那时有一些博物学爱好者团
体和大量关于植物生活的通俗读物。这类图书相对来说不贵，在北
美、英国和澳大利亚都容易弄到。仅仅在美国，赖特（Mabel Osgood
Wright）、苟英（Maud Going）、娄维尔（Thomas Lovell）、布兰切（Neltje
Blanchan）、柏瑞（James Berthold Berry）和科勒（Harriet Keeler）都曾
撰写过关于本地植物生活的读物。赖特在《本地常见的开花植物与蕨类
植物》（*Flowers and Ferns in Their Haunts*，1901）中按照四季的变化向
读者介绍新英格兰的野花。柏瑞则在他的《南方林地树木》（*Southern
Woodland Trees*，1924）中展示，识别可以长成有用木材的树木是很容

---

① 如果意译的话，书名大约是《黑莓开花时节》或《春寒料峭》。"Blackberry winter"
是美国南方人的一种说法，指黑莓长出花芽到完全开放的时节，大约是四月的第二周
到五月中旬，当时天气很凉，对南方人来说也可以叫做寒冷。不过这时节一过，天气
马上就变暖了。1976 年由 Alec Wilder 作曲，Loonis McGlohon 作词的一首很有名的
歌曲也叫"Blackberry Winter"。

易的。

在 21 世纪，如果重印这些经典著作，能重新点燃人们对植物生活的兴趣，从而促进公众对花的理解吗？这项计划有一个主要问题。植物学是一个不断扩展、不断变化的学科。自 20 世纪 20 年代以来，植物生长、植物化学、植物化石和植物生态学中的发现，已经永远改变了这个领域的原理。那些写得非常好的博物学图书，差不多都出版于某些最激动人心的发现出现之前。

在 1930 年以后，一些新的作者尝试向普通公众通俗地介绍更广泛的植物知识。在我看来，里科特（Harold Rickett）的《园丁植物学》（*Botany for Gardeners*，1957）、考纳（E. J. H. Corner）的《植物生活》（*The Life of Plants*，1964）和赫胥黎（Anthony Huxley）的《植物与行星》（*Plant and Planet*，1974）是最好的范本。有着建筑师气质的里科特，在他的书中从个体细胞讲起，然后讲到组织，以及组织如何形成植物器官。考纳和赫胥黎则展示了植物进化的宏伟场景，带领读者穿越时空、历经多样性。他们的书从最微小的藻类的生活史开始写起，然后带领读者从水中走出来，目睹由不起眼的地钱和蕨类散布的孢子。最后，又让我们了解到种子植物，欣赏到壮阔的温带森林和热带雨林。

我知道这样做的许多优点。不过，我们现在的高校教材更胜此任，它们解释了植物细胞的功能，将杯状菇菌的生活与百合鳞茎的生活进行了对比。这些图书的出版商出手大方，照片和图表印制得非常精美，当然每页的成本也很高。而我在这里想做的是，立足于早期自然作家的特有兴趣，同时把后来科学作家所做的一些界面还算友好的探索融合起来。

自我介绍一下，我本人的研究领域是开花植物学（floral biology）。我认为，这门学科最有潜力激励读者对植物生活进行更深入的了解。花比树皮、叶和根更能触动人心，更能激发人们的想象力。附加的吸引力在于，花通常具有不同寻常的动态性。即使最小的花，也是充满生机的工厂。它们制造器官，生产各种化合物。一支绽放的玫瑰①可以产生许多不同的东西，对玫瑰进行研究这一学问的一部分工作就是，找出如此多样的结构和化合物彼此是如何关联的，然后以十分综合的方式讲述一个故事。

这就是为什么我在本书多数章节的开篇采用关于玫瑰的引文，而且想着法儿让玫瑰花的身影延伸到全书各处。"玫瑰，"作家曼斯菲尔德（Katharine Mansfield）曾说过，"是游园会上唯一的花卉，唯一一种每个人都多少有所了解的花卉。"蔷薇属（Rosa）的成员包括约 100 个野生种。当我们需要一个样板来描述花的生活时，蔷薇属提供了一个很好的起点。作家和艺术家已发现，自从希腊—罗马诗人把玫瑰尊为爱之女神，它们就成了灵感和快乐的源泉之一。这可以解释为什么有许多段落描写那些充满深情的花彼此相吻，或与其主人甚至昆虫访客相吻。

在本书中，我以玫瑰来表明我的承诺：不使读者陷入术语与统计的荆棘。一旦要对科学中所使用的词语进行界定，科学就失去了许多优越性。我压根不相信，数百年来植物学家总在设法把这一学科折腾得让业余爱好者和学生更难理解。当植物研究还是一门年轻的学科时，所有的植物学家都是业余爱好者和学生。我倒是认为，这些早期的科学家如此精准、如此聪明地发明这些术语，正是为了让每个人都能记住它们。他

---

① 英文中"rose"的意思是月季、玫瑰、蔷薇等，指蔷薇科蔷薇属的许多不同的植物，通常人们把它译为"玫瑰"。在植物学的意义上译成"蔷薇"更准确。不过，因为本书只是一部通俗读物而不是严格的学术著作，译文从俗，一般把它译作"玫瑰"，包括对书名的处理，特殊情况下译作"月季"或者"蔷薇"。

们怎么会预知日后的学生和教师会讨厌古典语言呢？

在本书中，当植物学术语变得过于技术化时，我会用人们熟悉的词汇，将花事与相似的人事类比。我知道，植物不是人，但是许多时候，每一位科学家都必须修饰自己的"母语"，以便他或她的领域让学生理解起来更容易。

近年来，我变得十分崇拜穆勒男爵（Ferdinand von Mueller，1825—1896）。他生于德国的一个丹麦裔家庭，并以澳大利亚官方植物学家的身份度过了一生中大部分职业生涯。他描绘新物种，建立墨尔本植物园，并使得一个帝国相信：澳大利亚的植物在医药、木材和审美方面都有巨大的潜力。

正是穆勒的大众哲学吸引了我。他属于那一代公务员，所受的教育是相信知识就是力量，**并且是**财富。当然，很少有植物学家因为所掌握的植物知识而发财。这本书也不会增加读者银行账户上的余额，不过，我的英雄穆勒晓得，财富有各种不同的形式。

想着一日三餐中各种食物的价值源于植物，这本身就是一种财富。农民的大田和郊外的花园里一定有财宝。开花结果的植物（以祖传的种苗、一块融入深情的小林地或果园的形式）展示着家庭遗产的丰厚。最后，我们所共享的博物馆、植物园、国家公园和森林储备，都是巨大的财富。

关于私人财富的决策会改变我们的未来。我们站出来为公共财富事务投票，也会产生类似的结果。自然多样性的知识给了我们更宽广和更多样的选择。我希望，本书会使你人生中的一个重要部分变得更容易理解一些。

在夏季的某一天，

天气酷热，

五个兄弟同时降生。

其中两位长有胡须，

两位没长胡须，

剩下的一位很特别，

一侧有另一侧却没有。

——鲍尔斯（Edward A. Bowles）译自《五兄弟》

第一章

兄弟情与姐妹屋

在拉丁语、英语和德语中可以找到上述谜语的许多版本。它在欧洲最早的印刷术发明之前就有了，据说是由多明我会的男修士大阿尔伯特（Albertus Magnus，约 1200—1280）写下来的，他也是一位植物猎人。他曾担任过雷根斯堡的主教，并且是早期土壤肥力方面的一位权威。人们很难把这个谜题与一位严肃的人关联起来。毕竟，正是这同一位大阿尔伯特，说服波兰人不再杀掉他们残疾的孩子。

你能猜到这位主教谜语的谜底吗？如果你到花园里，采一枝犬蔷薇（*Rosa canina*）^①，或许会帮你找出答案。如果你找不到犬蔷薇，通过

---

① 也译作狗牙蔷薇。

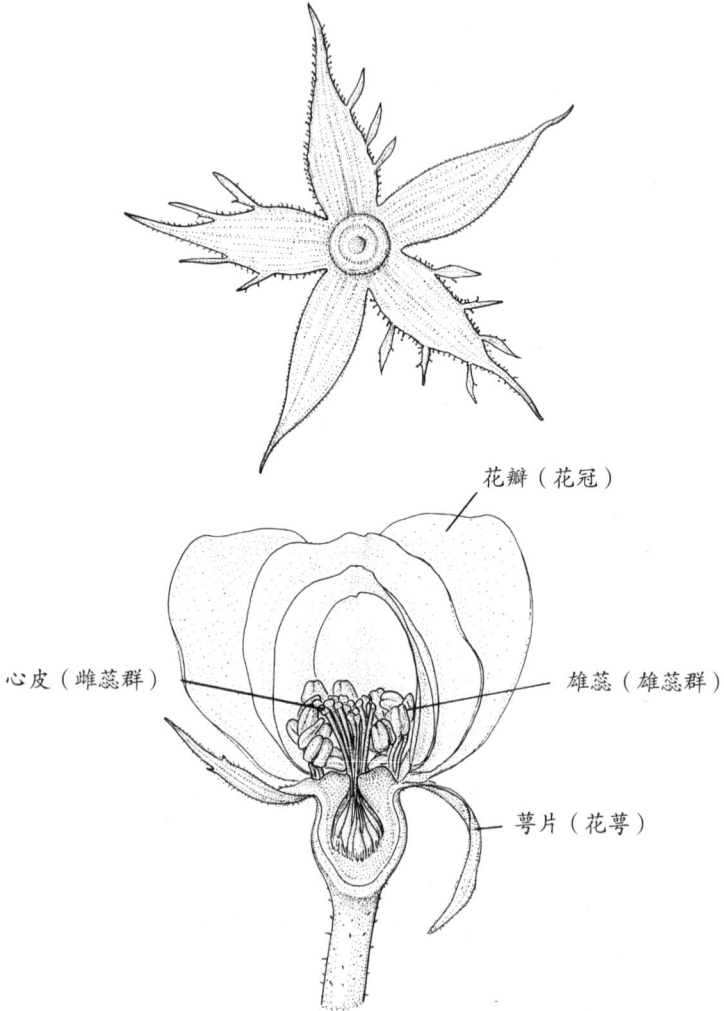

花瓣（花冠）

心皮（雌蕊群）

雄蕊（雄蕊群）

萼片（花萼）

上图："五兄弟"萼片组成了犬蔷薇的花萼。**下图**：园艺玫瑰花的轮层和器官。梅尔斯（J. Myers）绘制。

与犬蔷薇"亲本"杂交产生的任何其他高档品种也可以，如"阿博茨伍德"（Abbotswood）、"柴郡"（Cheshire）、"超级白"（Blanche Superbe）、"少女绯红"或"约克白玫瑰"等。为了看清五兄弟，你甚至不需要一架显微镜。仅需一只在多数古玩店、杂货店就能买得到的便宜的塑料放大镜，就可以看到你所需要的精确细节。

首先，把玫瑰上下翻过来，你会看到较窄的、片状的、绿色的三角形器官，它们处于花的最底部、最外一轮。每个三角片被称作一个萼片（sepal）。英文中"*sepal*"一词来自拉丁语，意思是"分离的"。你的玫瑰应当有 5 个萼片。在完全开放的花朵中，每个萼片都有一个分离的尖角形的末梢。

现在仔细检查每个萼片的边缘。其中两个萼片的两侧均有裂成细小扁平状的"胡须"。它们俩是有胡子兄弟。还有两位具有光滑的边缘，它们可被视为无胡子兄弟。另一位兄弟在一侧长有胡子，而另一侧是光滑的。

无论蔷薇属的哪个种，萼片通常是一朵花中最像叶的部分。它们通常与叶（foliage）具有同样数目和同样结构的脉——这里的"叶"是指生长在枝上、位于花朵下方的真正的叶。花萼通常与真正的叶一样绿，因为它们也贮藏有一种色素：叶绿素。这与真正的叶用来从阳光中捕获能量并把能量贮存于糖分子中的叶绿素，是同一种东西。萼片和叶的表皮细胞都是透明的。这就是为什么我们能够看到绿色叶绿素。叶绿素以平展的层状细胞的形式码放着，紧挨着无色的表皮。

与叶一样，多数萼片的表皮上有功能性的呼吸孔。这些呼吸孔两侧有护卫细胞，当外部条件变得太干燥时，护卫细胞可以关闭呼吸孔。在干燥的日子，呼吸孔关闭能起到保护作用，使叶减少水分蒸发。当花的其他部分在花芽里生长时，萼片也有助于使它们保有一定的湿度。

五个萼片合在一起形成的花被集合叫做花萼（calyx）。英文词"*calyx*"来自希腊语，指外壳或者外封。花萼得此名，是因为它通常形成幼花蓓蕾的一个护套，保护着内部的器官。当花内部的所有器官都快要顶出并打开时，花萼才会分成若干个萼片。

有些花的花芽还会披一身外套，有的为锐利的皮刺，有的为粘稠的腺体。这些装饰物可以对蓓蕾提供进一步的保护，防止昆虫的攻击。有一些花，当它们开放时，萼片就被舍弃了。罂粟属（*Papaver*）、荷包牡丹属（*Dicentra*）、烟堇属（*Fumaria*）[1] 植物的萼片很像一层薄薄的包装纸，一旦内部的器官成熟，萼片的职责完成了，它们就自然地落地。

在后面的章节中，你会看到，对于其他一些花，萼片不限于仅仅担当保护者。这些萼片可以在花的整个一生中都存留着，甚至变为成熟果实的一部分。

萼片虽说重要，可是没有哪个人因为花萼而喜欢一朵玫瑰。诗人和艺术家歌咏的是花萼所捧出的花瓣（petals）。英文中"petal"一词来源于后期拉丁语的"*petalum*"，意思是"金属板或刀片"。花瓣合在一起形成的花被集合叫做花冠（corolla）。在拉丁语中，*corolla* 是由 *corona* 通过词尾变化而得到的指小词（diminutive）[2]，意思是"小王冠"。这倒说得通，因为通常"王冠"，不过就是由串在一起的片状或尖状金属

---

[1] 这三个属均属于罂粟科。

[2] "指小词"是指一些语言中通过对名词的一种屈折变化派生出来的词。某名词在加上指小后缀之后，就有了亲昵、小尺寸、年轻或轻视等附加含义。如北京话中加上的儿化音（宝贝儿、心肝儿、花儿、头儿、腕儿等等），网络语言"范跑跑"，广东话中加上的"仔"，英语中由 book 变成的 booklet（小册子）、由 wave 变成的 wavelet（小波）等等。

物组成的一个箍嘛。

剖开一枝玫瑰的花瓣，能够看到其精巧、柔滑、绚丽的品质，而这是萼片所缺少的。多数花的花瓣通常只具有一条或三条脉。花瓣外表装饰的绚烂的色素细胞，构成花瓣的外部皮层。花瓣内部包含海绵状的组织，但细胞之间排列疏松，形成了许多小气囊。虽然许多花的花瓣长有气孔并有不同寻常的造型，但是这些结构对花瓣来说有着另外的功用，在随后的章节里你会看到这些。这样的特征似乎更像是要吸引、回报和补给来访的动物。

然而，坦率地说，花瓣和萼片之间的差别通常是模糊的。在某些种中，花瓣与萼片之间看不到显著的差异，无论是用肉眼观察还是借助于显微镜都是如此。这样的花包含一轮或数轮扁平的结构，每一轮有同样的颜色、差不多一样的形状和同样数目的脉。有时，这些器官甚至不是离散分布的，而是以连续旋转的方式排列，就像旋转楼梯上的踏板。

当植物学家无法找出花瓣和萼片之间内在或外在的差异时，他们称这样的器官为花被片（tepals）。木兰科（或八角科，按哈钦松系统）八角属（*Illicum*）、木兰科木兰属（*Magnolia*）、灯心草科灯心草属（*Juncus*）、雨久花科凤眼莲（*Eichhornia crassipes*）和鸢尾科鸢尾属（*Iris*）等不同植物的花就是这样，它们的花被片以轮状或者螺旋状排列。

野生玫瑰的花冠通常只包含 5 个花瓣，并且明显长在单个环上。不过，你家花园的玫瑰或许可以讲述一个完全不同的故事。有时一朵花上可能会有数十个花瓣，密密麻麻、混乱地挤在一起。在花园之外，这种"芽变"（sports）或突变，通常会被自然力消灭掉，因为花并非总是很耐寒。如果长有过多的花瓣，它们同时会消耗有限的生长物质，因而减少种子的养分。

不过，人们可能会对发生突变的花朵枝条精心呵护，再采取人工方式繁殖，于是我们的花园中就充满了"重瓣花"和百瓣玫瑰。千百年来，这些植物备受人们的宠爱。希腊哲学家特奥弗拉斯特（Theophrastus，约公元前372—约公元前287），柏拉图和亚里士多德的一个学生，就曾评论过人们对遗传过程中此种绝妙错误的保护和培育。他写道，它们大多生长在腓利比（Philippi），是从一些人那里购进的。那些人从潘格亚斯山（Mount Pangaeus）采挖发生了突变的灌木。虽然额外的花瓣代表着玫瑰花芽发育中的错误，但在下一章中你会看到，这些错误有助于我们理解花演化的历程。

花萼和花瓣永远都是花中不育的器官，因为它们的结构都缺少用来制造花粉粒或种子的细胞。不过，当你的视线离开花冠，转向玫瑰花的雄蕊轮被时，那就不一样了。雄蕊（stamen）在拉丁语中意思是"缠绕的线"，因为雄蕊通常很像松散的线团或纱线。而且，雄蕊沿花的一周排列，很像织机上缠绕的纱线。

这条规则也有某些不同寻常的例外。在某些乔木和灌木的大型花中，你找不到"纤维状"的雄蕊，比如木兰属、八角属、蜡梅科美国夏蜡梅（Calycanthus floridus）和番荔枝科番荔枝属（Annona）植物。你也不会在鲜嫩的水生植物金鱼藻科金鱼藻属（Ceratophyllum）、泽泻科慈姑属（Sagittaria）以及睡莲科（Nymphaeaceae）的许多成员中看到它们。所有这些花的雄蕊都是短柱状或桨状的。矮胖或扁平的雄蕊应当包含三条主脉，应当有两个或四个囊被嵌在每个肉质短柱或船桨中。花粉在这样的囊里面被制造出来。

化石证据显示，矮胖的柱状或桨状的雄蕊代表最古老形式的雄蕊。

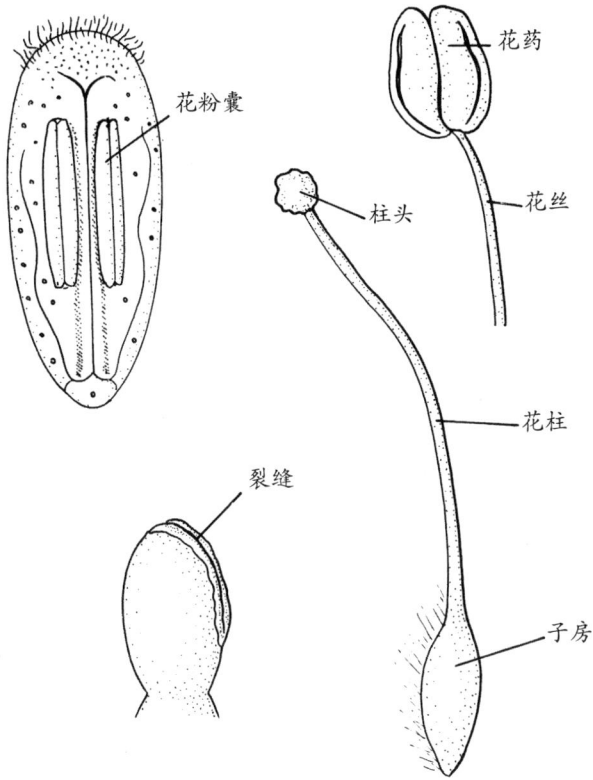

原始的性器官与发达的性器官。左上：柠檬黄芥属（*Degenia*）[①] 扁平的类似叶形的雄蕊。右上：玫瑰的"棒棒糖"状雄蕊。右下：玫瑰瓶子形的心皮。左下：柠檬黄芥属植物圆形的心皮。梅尔斯绘制。

[①] 克罗地亚韦莱比特山区特有的一种十字花科植物，它自己构成一个单种属。

经过大约一亿一千万年，花中全部长着极瘦的丝状并带有"棒棒糖"头雄蕊的植物，开始取代那些花中只有矮胖或扁平雄蕊的植物。棒棒糖设计成功了，现在它统治着地球上绝大部分开花植物物种，包括犬蔷薇。每个丝状雄蕊可以分解为两个相联接的部分：花丝（filament）和花药（anther）。

花丝是指长柱形的轴，它构成了雄蕊最狭长的部分，英语单词"filament"来自拉丁语单词"*filum*"，是"丝线"的意思。花丝通常非常细，只能容纳一根长脉。靠近仔细瞧雄蕊上膨胀的"棒棒糖"头，会看到它的确由一对花粉囊组成。这个疙瘩状的头部就叫花药。

虽然一朵花中的多数器官的名字均与其形状有关，英语中"anther"这个词来自一个多少有些奇怪的医学拉丁词。词语"anther"曾指从花的汁液或油中提取的一种特别的药物。早期的植物学家们似乎有很好的理由称雄蕊上这种疙瘩状的东西为花药：每个花药的囊中都含有一种对于植物的繁殖来说极为重要的"提取物"。

多数花的花药会散发出纤巧、干燥的花粉粒。拉丁语"*pollen*"意思是"精制的粉末或面粉"。因此，英语中植物术语"pollen"与西班牙语中表示粉尘的词"polvo"，以及意大利语中由粗磨玉米粉做成的一道开胃菜"polenta"，都具有同样的词根。

到 17 世纪晚期，一些博物学家把花药囊中的花粉粒与动物睾丸中的精子进行对比。雄蕊被视为花朵中的"雄性多数"。正因为此，花中的雄蕊环被命名为雄蕊群（androecium），这是一个希腊词，通常暗指与古代雅典房屋有关的居家布置。在苏格拉底和亚里士多德时代的居所中，男子有权住在与妻子和女儿分开的房间里。

在多数花中，雄蕊群由一或多轮环组成，在环中一个个雄蕊整齐地排成单一的队列。但用手持放大镜检查就会看到，这一规划也有例外。比如多数藤黄科金丝桃属（*Hypericum*）、毛茛科芍药属（*Paeonia*）和某些五桠果科束蕊花属（*Hibbertia*）植物的雄蕊，就形成离散的簇或丛，而每一簇由 2 到 11 个雄蕊组成。有时，丛中的所有雄蕊基部相连，共享一个干和脉。这样雄蕊团簇就很像一把向外伸出的指头或一个袖珍烛架。

野蔷薇花通常包含数轮雄"房间"。那么花中每间屋子都是用来"包养"雌性的吗？回答是肯定的。把雄蕊视为雄性器官的一些博物学家同样也认为，包含幼小种子的分隔结构呈子宫状，无疑是雌性的。雌蕊群（*gynoecium*）位于玫瑰的中央，被数轮雄蕊环抱着。英语中雌蕊群一词来自希腊语"*gynaeceum*"，意思是"女子的房间"。因为组成雌蕊群的小器官在发育中会形成花的最终部分和中央部分，所以它们以膨起的连续团块的形式被组织起来。

玫瑰花的雌蕊群由微绿黄色瓶形的器官组成，被称作心皮（carpels）。英语中"carpel"这个词来自拉丁语"*carpellum*"和希腊语"*karpos*"，两者的意思都是"果实"。切开任何一朵花心皮的圆底基部，你可以看到里面有一个到数千个浑圆或卵形的小体。这些结构叫做胚珠（ovules），英文词"ovule"来自拉丁语"*ovulum*"，是"*ovum*"的指小词，意思是"卵"。这些胚珠是等待受精的未发育成熟的种子。这就是为什么每个心皮膨胀的基部被恰当地称作子房（ovary），也是为什么植物学家把心皮的中央团状物称作"女子寝室"。用来自花粉粒的精子使心皮的胚珠受精，它就几乎一定会发育成一个充满种子的果实。

所以，实际上每朵花都是一根紧密压缩、专门用来生产种子的特殊枝条。在每朵花中，由变形程度不同的叶组成的轮被或螺旋，在产生种子的过程中担当不同的角色。植物学家现在确认现存的能产生种子的植物共分五个门（divisions）。不过，只有一个门的成员即显花植物（the Anthophyta），能在真花内部产生种子。玫瑰的花与其他植物的"假花"，如松属（*Pinus*）坚硬的松球花（cone）、刺柏属（*Juniperus*）刺柏灌丛成熟的芳香球花、红豆杉属（*Taxus*）紫杉的红色种子杯（假种皮）乃至"少女头发树"银杏（*Ginkgo biloba*）短枝上悬挂的雌球花和雄球花，到底有何区别呢？

松、刺柏、紫杉和银杏这类种子植物，总是让其胚珠生长在一种细鳞苞上，直接裸露于空气中。这些乔木和灌木被称作裸子植物（gymnosperms），英文中"gymnosperm"这个词来自希腊词"*gymno*"（意思是"裸的"）和"*sperma*"（意思是"种子"）。裸露的胚珠悬挂在微风中，等待蓬松的雄球花来提供花粉粒。裸子植物的胚珠外表皮上总有一个湿润的气孔，可以捕获由风刮来或甲虫、蛾之类携带来的花粉。有些裸子植物还采用一种坚硬的扁平叶将胚珠额外保护起来，这种叶形成坚韧的"瓦"，与鳞苞及胚珠紧密贴在一起。这些瓦片以连续螺旋的方式排列，形成了松、冷杉、雪松、苏铁及其近亲树种上所结的我们常见的一种松果类雌球花。苏铁繁盛于恐龙时代，是一个有特色的裸子植物门类，样子像棕榈。

如果你有机会看一看玫瑰最嫩的花芽，你就可以见证花蕾的绽放。此发育过程是所有真花独有的：心皮开始生长，起先与裸子植物中扁平叶或细而扁平的鳞苞生长过程差不多。最终，在心皮"叶"的上表面，一个到多个胚珠将会形成肿块。不过，在胚珠成熟之前，心皮始终处于闭合状态，将胚珠锁在寝室内。心皮可能仅仅自身卷合，把胚珠包裹起来，就好像牡蛎将珍珠包裹在两个瓣壳中一样。这个过程也可以进行得

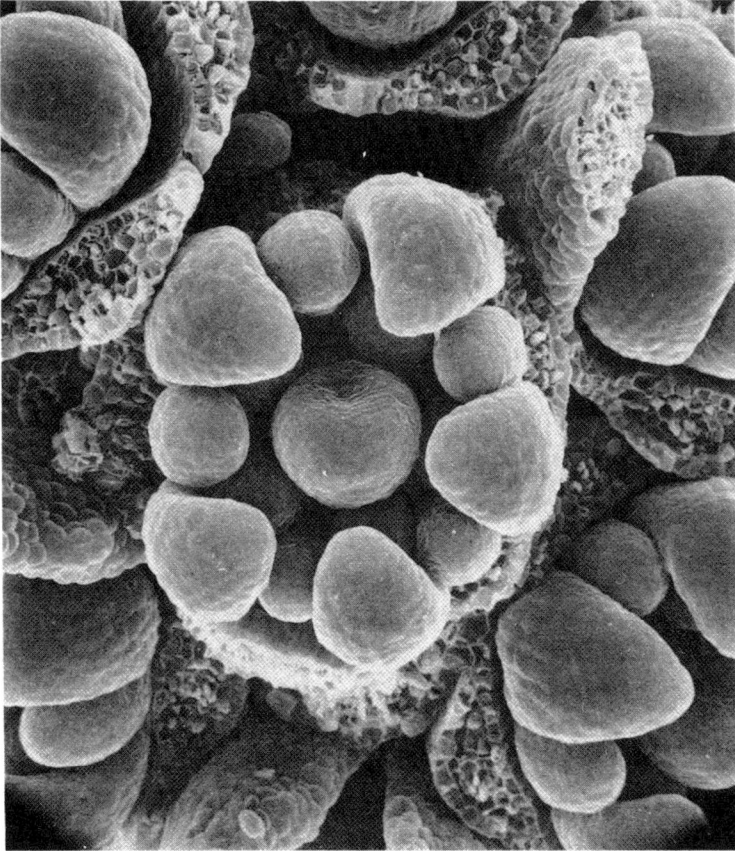

亘利假含羞草属（*Neptunia*）植物花之花芽的扫描电子显微镜图片（SEM）。为了展示齿状的花瓣和性器官的早期发育情况，这些完全花的萼片被去掉了。"棒棒糖"状的花药还很幼小，只呈现为一轮凸起物。观察中心部位的心皮。心皮也很幼小，它的花柱"脖子"还没有长出来。你可以注意看边上的折痕，将来扁平状的心皮将沿折痕折起，形成封闭的子房。扫描电子显微镜图片由塔克（S. Tucker）提供。

更平滑一些：心皮弯曲过来，沿其边缘缝合，形成一个圆柱，然后将胚珠贮存在这样一个活体瓶中。

闭合的心皮是使花成其为花的真正要害所在。这也是所有开花植物被称为被子植物（angiosperms）的原因。英文中被子植物"angiosperm"一词来自希腊语，意思是容器（*angeion*）中的种子（*sperma*）。花粉粒中的精子只能通过一条规定好的、专门化的通道抵达胚珠，不过，在每个心皮中都能找到这样的通道。

为了保持其独特的形状和功能，心皮通常比花中其他器官包含更多的脉（维管束）。子房至少为三出脉，但五出脉更常见，在某些种中甚至能看到更多的脉。每个子房上都附生着一种或两种结构。与多数花一样，玫瑰花的每个心皮上，都有一个轴状或者针形的"脖子"，美其名曰花柱（style）。的确，英文"style"一词来自拉丁词"*stilus*"，指古代用来在蜡板上雕刻文字的一种针形的工具。而每个花柱上面都有一个含腺体的脑袋，亦即"柱头"（stigma）。花药通常是膨胀起来的，还可以用泪斑、脓疱、肉疣状的小东西装饰一番。这并不奇怪，在拉丁语中，"*stigma*"指由刺伤或烙铁留下的一种疤痕。

一粒花粉要抵达真花子房内的胚珠，必须首先附着于柱头上。然后精子必须从花粉粒内部出来，向下旅行，通过花柱抵达子房。我会把精子的探险之旅放在后面的章节中讲解。

同时，我要说的是，虽然每个真心皮都有一个柱头，但是也有些心皮缺少花柱。玉兰属植物、八角属植物、番荔枝属植物、澳大利亚香料植物帽花木科的劳瑞帽花木（*Eupomatia laurina*）、林仙科林仙属（*Drimys*）植物，从来都不长花柱。在这些花中，柱头是一条小缝、一顶小帽或者一层头盔，直接装饰在子房的外表面。根据化石记录，花柱缺失似乎是古老孑遗特征的一种表现，代表着花的进化过程中"不太精致"的时代。不用奇怪，在那些保留短柱状或桨状雄蕊的花中，通常也能找到缺失花柱的心皮。有些科学家将化石与还存活的植物进行对比并得出结论，在多数传粉昆虫发育出较长的口器或者用来进行推、抓等操纵花器官行为的前腿之前，短小、矮胖的花器官曾一度流行过。其中，一些特化不明显的昆虫还有部分后代存活到了今天。在后面的章节中，你将看到它们如何在同一种花内部取食，而不是像猪一样到处嗅来嗅去。

封闭心皮的成功，部分可以从开花植物十足的多样性得到验证。被子植物统治了多数陆地和岛屿上的植物王国。开花植物至少存在 25 万个种，而且每个月都会有新的种被发现、描述和命名。相反，现存的在裸露的球果或杯状果上长种子的裸子植物不超过 800 种。现在，已很难发现裸子植物的新种，大约几十年才有机会描述一个新种。正如你将看到的，封闭心皮具有那些将胚珠裸露在外的植物所不曾享有的许多优点。

对于开花植物总是取胜并占统治地位这一观察陈述，也存在重要的例外。例如，在北方大陆的北部，将种子裸露在外的树木很成功，并且形成了森林。在那里，冬天温度可以降到摄氏零下 50 度，因此土壤从不会彻底解冻，蒸发量非常小。在这些雪地森林中，结球果的松科云杉属（Picea）、松科落叶松属（Larix）和松科冷杉属（Abies）树木最容易在较小的桦木科桤木属（Alnus）、桦木科桦木属（Betula）等开花植物之上形成冠层。在我们这个星球上，最茂密最广阔的裸子植物森林分布在加拿大、斯堪的那维亚、俄罗斯和西伯利亚。在世界的其他大部分地区，裸子植物必须和开花植物公平竞争，分享沙漠、热带大草原和雨林。

　　开花植物是一个巨大的群体，从事植物分类的科学家把它们一分为二，按照它们共同的进化起源将其分成了两个纲（classes）。在每个纲中，被子植物是按照大多数种所具有的广泛而可靠的一套特征来进行分类的。这些特征包括种子胚胎结构的解剖特性，脉流经茎的方式以及脉在叶内穿行方式等解剖学特性。在这套特征中，花总是担当最重要的角色，因为每轮器官的数目通常非常固定，以至于植物学家可以据此把每个种分类到两个纲中的某一个之中。

　　在有些花中，每一轮被中的器官不超过 3 个（3 个萼片、3 个花瓣，3 个心皮）或者每轮器官都是 3 的倍数（3 个，9 个或 12 个心皮）。如果花的器官数目为 3 的倍数，这种植物通常属于单子叶植物纲（Monocotyledonae）。单子叶植物有超过 65000 个种，包括所有的禾草类、薹草、兰花、菠萝和真正的百合，已经命名的只有一部分。英文中单子叶 "monocotyledon" 这个词指这样一个事实：切开一粒成熟的种子，你只能看到一片大的 "子叶" 包裹着胚胎。玉米提供了一个好的例子。蓬松的爆玉米花中心部位会有坚硬的褐色斑点，它们就是玉米受热外皮爆开时 "子叶" 的残留物。

　　开花植物的第二个纲叫做双子叶植物纲（Dicotyledonae），由170000 个种组成，包括几乎所有开花的树木和数以千计的野花。英文中双子叶 "dicotyledon" 这个词，指胚胎中有两片子叶。这两片最先长出来的叶子多数人都熟悉，如绿豆芽上胖乎乎的 "拳击手套"，或苜蓿小苗上绿色的 "蝴蝶领结"。双子叶植物花轮的器官数目（花基数）变化多端，在 4 和 5 之间变来变去。

　　玫瑰花中的 "五兄弟" 明确表示出，玫瑰应当归属于双子叶植物纲。虽然有突变和杂交的情况，但在每一朵野玫瑰中，我们仍然可以预期它有 5 个萼片和 5 个花瓣。雄蕊数和心皮数可能很不好数，但是我们可以安全地预测，它们会以 5 个、10 个、15 个、20 个等增量的形式数目递次出现。

这些数数游戏似乎很有趣，但它们只是帮助植物学家辨识植物的众多技巧之一。花拥有许多设计上的秘密，而这些秘密造就了它们的独特性以及它们的成功繁殖。为搞清这些细节，你要做好准备，再取一枝新鲜的玫瑰。

舞蹈已经开始，

众玫瑰少女中的玫瑰皇后，

分外迷人！

百合皇后和玫瑰成为一体，

如彩缎一般耀眼，

亦如珍珠一样闪光。

　　——丁尼生男爵（Lord Alfred Tennyson, 1809—1892）[①]《莫德，请光临花园！》

第二章

完美的限度

　　如果每朵花都是缩简的枝条，那么每个花器官必定是一片特别的叶，经过变形，在植物繁殖中起某种辅助作用。通常萼片的结构在许多方面很像营养叶，它们经过了一定的变形，是为了起包裹或保护作用。你已经得知，多数原始花的雄蕊与充满了花粉囊的扁平叶差不多。心皮起源于叶——不过这一点被隐藏了，叶折起来，形成"种子瓶"。那么，我们如何解释花瓣呢？

　　此时找一枝重瓣玫瑰或一种有着上百片花瓣的古老的栽培品种，可能很有用。你可能需要一枝长满几十片花瓣，雄蕊和心皮均被隐藏起

[①] 英国浪漫主义诗人。受维多利亚女王的赏识，接替华兹华斯（William Wordsworth）于 1850 年获得"桂冠诗人"称号，1884 年被封为男爵。

来的玫瑰花。植物繁育者已经掌握了数种不同的办法来增加花中花瓣的数目。秘密是保存下来通常被自然选择所拒斥的遗传"错误"。这些错误的重要之处在于，它们可以告诉我们一些关于花的进化史的若干实际趋向。

你手中多出来的花瓣，实际上是变形了的雄蕊。在此，一只手持放大镜很能派上用场。从你的花上把花瓣摘下来。一开始是最接近绿色萼片的花瓣，然后是环形的花冠。当你摘完花瓣，开始一点一点接近被掩盖的雄蕊时，你会发现剩下的花瓣在大小和形状上都有所变化。它们变得越来越小，越来越不规则，并且沿着边还有一个微小的空"盒子"。那个盒子正是原始花药留下的痕迹。

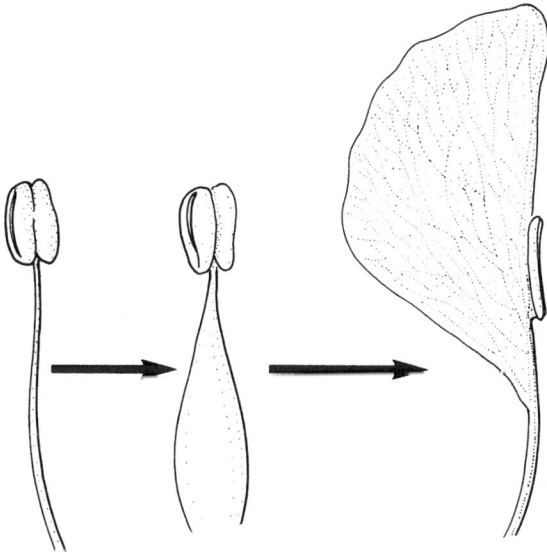

在一种人工培育的百瓣玫瑰中，不同雄蕊在发育上有差异，从可育的"棒棒糖"状雄蕊到不育的花瓣状雄蕊。梅尔斯绘制。

在你的栽培花中，控制器官数目的一个基因（或多个基因）已经突变了。这个突变的基因向花苞中正在发育的各轮器官隆起发出一串被部分搅乱的信号。有些隆起等待着告诉它们长成雄蕊的信号。在重瓣花的繁殖过程中，这样的信号从未被完全接收过。相反，某些隆起，原本注定要发育成可育的、充满花粉的"棒棒糖"，结果却变成了不育的、色彩艳丽的"薄片"。

不过，把雄蕊变成花瓣，并非靠拉伸。记住，同一朵花中的雄蕊和花瓣几乎都是从具有相同维管数（number of veins）的生命开始的。因为内部"管件"是相同的，余下来要做的一切就是，让突变了的雄蕊花丝长得扁平一些、宽一些，色彩更丰富一些。同时，花药的发育或者完全停止，或者被压缩到永远也无法形成花粉粒的地步。

颇让欧洲和中国园艺爱好者得意的是，经过数千年的努力，他们给花增加了更多的花瓣。蔷薇、碧桃（Prunus persica）、杂交樱花（P. × yedoensis）和毛茛科芍药属（Paeonia）植物只是最古老、最具显示度的成功案例当中的几个罢了。不过，有证据显示，花在自然的进化进程当中也玩着类似的游戏。主要区别在于，在自然过程中花器官要用一亿多年的时间才有可能完成修饰。对于花瓣的进化，现在似乎至少有两套自然的解决方案，两者都是基于"改变零部件"这条发育原理。

首先，在某些花，如野蔷薇中，有人认为所有的花瓣可能都来自最靠近花萼环的多余雄蕊。经过一段时间，这些雄蕊变长、变宽、变得不育、颜色变得更多样。花瓣不过是一种变形的雄蕊，这种思想非常古老，最初由诗人、剧作家兼植物学家歌德（Johann Wolfgang von Goethe，1749—1832）在1790年提出。当进化将一个雄蕊变成花瓣时，这对植物产生花粉的能力只有极微小的影响。毕竟保证永远留存5个雄蕊还是容易的，因为每朵野蔷薇花至少包含 100 个可育的雄蕊。

其次，在另外一些植物当中，花瓣的外部形式和内部"骨架"均暗示，它们代表了变形萼片的一种额外的内轮被。比如睡莲科睡莲属（*Nymphaea*）植物灿烂的花瓣，是由萼片变化而来的，只不过它们更长、更宽一些，并且失去了原来保护性的坚韧组织。荷花（*Nelumbo nucifera*）以及许多真正的仙人掌科（Cactaceae）植物的花，就展示了花瓣与萼片之间平滑的过渡。在同一朵花上，能找到厚度、大小、形状和颜色处于中间状态的器官。这些花的最外层轮被由短而坚韧、无生气的萼片组成，接着有若干重复的轮被，最后你会看到萼片变成了更长、更精致、更多彩一些的花瓣。

收集更多不同的野花，你就会发现并看到，自然多样性似乎反映了在"有"与"有—无"之间的差异。睡莲、荷花和仙人掌产生的花，似乎属于"有"的一类，因为每朵花都有不止一轮萼片以及不止一轮雄蕊。相反，蓼科荞麦属（*Fagopyrum*）植物的花就属于"有—无"的一类，因为它的花只包含一轮 5 个类似萼片的器官。分离的真正花瓣轮被从未形成，只存在一个孤立的 5 雄蕊环。[①]

有时你会发现，"有"和"有—无"可以出现于同一组关系密切的植物当中。在毛茛科（Ranunculaceae）中，毛茛属（*Ranunculus*）、耧斗菜属（*Aquilegia*）、翠雀属（*Delphinium*）中的每一种植物，都包含一个由 5 个萼片组成的外轮被，和一个由 5 个花瓣组成的内轮被。形成直接对照的是，毛茛科银莲花属（*Anemone*）、铁线莲属（*Clematis*）、獐耳细辛属（*Hepatica*）有大的萼片，却总是缺少花瓣。

---

① 在中国的一些文献中（如《北京植物志》），对荞麦属的描述通常是：花被 5 裂，雄蕊 8，排成 2 轮，外轮 5，内轮 3。

　　银莲花和獐耳细辛没有花瓣，它们的萼片在花的生命史中，就可能担当不止一种职责。通常，萼片形成一种外在的保护花苞的套子。不过，一旦花苞打开，萼片通常与真正的花瓣一样大、一样多彩。这些绚丽的萼片通常会吸引昆虫来给花进行交叉传粉而度过其余生。

　　有些植物的花表明，在一段时间内它们已经缓慢地作出一种发育"决策"。如果你仔细地检查它们，你会看到已经退化为残迹的器官。例如，莎草科藨草属（*Scirpus*）植物花中的萼片和花瓣全部的残余物是 6 根纤弱的短毛。如果幸运的话，在桑科桑属（*Morus*）植物的花里，你甚至能够找到 4 个鳞片，它们是与花瓣最接近的东西。

　　18 世纪和 19 世纪的科学家试图弄明白关于花的这些变化的所有情况。花的建造似乎既是独特的又是自身一致的，而这些特点可以成为一种用来识别植物、对植物进行分类的漂亮工具。这就要求为植物科学发明一些新的词汇。我们迄今还在使用这个词汇表中的许多词。

　　早期的科学家就认识到，一朵花最多可以拥有 4 种不同的器官。如果一朵花至少由一个萼片、一个花瓣、一个雄蕊和一个心皮组成，那么它被恰当地称作完备花（complete flower）。① 相反，如果一朵花的器官少于 4 种，它就是不完备花。

① 在英文植物学术语中，常用 complete 和 perfect 来描写花的组件。两者有相关性，但"意义"（meaning）、内涵差别很大，前者用于讨论一朵花中组件的种类（涉及萼片、花瓣、雄蕊、雌蕊）是否齐全，后者用于讨论一朵花中表征不同性别的组件是否齐全（涉及单性花、两性花）。许多文献并没有仔细区分这两者，笼统地译成"完全"，包括《图解植物学词典》的中译本。就此问题译者请教了中国科学院植物研究所传粉生物学家罗毅波老师，他指出："complete flower 和 perfect flower 意思有时是相同的，可以不加区分。但如果在谈植物的性别问题，最好用'两性花'来指称。"本书翻译中约定如下：①不能将英文的 complete 和 perfect 统统都译成"完全的"；② perfect flower（完全花）相当于 bisexual flower（两性花），将 complete flower 译作"完备花"，虽然两者的"指称"有时是相同的。

你的野蔷薇花是完备花，毛茛属、楼斗菜属和翠雀属植物的花也是完备花。而毛茛科银莲花属、铁线莲属、铁筷子属植物的花则是不完备花，因为它们总是缺少花瓣。蘽草属和桑属植物的花也必须被视为不完全花，因为它们的花瓣紧缩成了非常小、几乎看不到的短毛或短桩。

如果植物可以改变其花中萼片和花瓣的数目，或者干脆消除萼片和花瓣，那么它们对于花的性器官是否会做同样的事情？它们能，而且事实上也这么做了。实际上，老一代植物学家发明了一些新词来指称性差异。两性花（指包含雄蕊和雌蕊的花）是完全（perfect）花。单性花（只包含雄蕊或只包含雌蕊）是不完全花。因此，玫瑰花是完全花，而杨柳科柳属（*Salix*）、大麻科大麻属（*Cannabis*）、葫芦科黄瓜属（*Cucumis*）、防己科蝙蝠葛属（*Menispermum*）植物的花，则属于大自然中的不完全花。

在18世纪，支配植物科学的是有地位和有特权的绅士们。就控制着对大自然的研究来说，他们并不质疑他们的社会地位或他们的权利。那么，为什么早期这些体面的异性恋男子坚持认为两性花是一种完全花呢？最简单的解释是，他们认为雄蕊将花粉散发到同一朵花的心皮内，才是最正常、最自然的事情。于是，两性代表大自然中占据优势的状态，并且对于种子的制造来说构成了一种完美的条件。

雄蕊总是与同一朵花的心皮"结婚"，这种想法在19世纪下半叶之前一直很盛行。在后文中，我会向你证明，许多完全花竭力避免"自我婚配"。不过，古老植物学语言的逻辑，依然保持到了今天。这种逻辑认为，每个不完全花都是不完备的，但并非每个不完备花都是不完全的。

与此同时，对于不同种类的植物，有太多不同类型的不完全花，植物学家对于这些多样性的性特征给出了第二类词汇。首先，某些类似百合的植物，如百合科的棋盘花属（*Zigadenus*）、旱南希属（*Wurmbea*）以及天门冬属（*Asparagus*）的近亲，实际上把完全花（两性花）和不完全花（单性花）均聚集在同一茎上。植物学家称此类植物为杂性的（polygamous）。我推测，同一植物体上两性花与雄花、雌花的奇特比率，可能暗示着苏丹宫殿的古老布局。各个分离的"宿舍"，在伊斯兰国家中，似乎分别对应于后宫（雌花）、未婚王子（雄花）的寓所，以及男性统治者苏丹的宫闱，在这里他们与宠妾相依相伴（两性花）。

形成明显对照的是，瓜藤上没有两性花，雄花和雌花分别长在同一茎的不同位置上。植物学家称这些植物是雌雄同株的（monoecious）。这个希腊词的意思是"同一所房子"。比如，西瓜的雄蕊和心皮似乎各自生长在单独的"卧室"（各种花）中，但是共享一个宅第（整条藤蔓）。

而柳树的雄花和雌花似乎处于"离异"状态。一株柳树要么产生雄花，要么产生雌花，但不会两者同时出现在同一株上。柳树似乎有两种性别，就像男人与女人，公鸡与母鸡。植物学家称这种树为雌雄异株的（dioecious）。它们的雄蕊和心皮分别住在两所分开的房子中。这意味着，每一株柳树要么是雄性的，要么是雌性的。

为什么有些植物总是产生不完全花（单性花）？标准的解释是，这样会鼓励交叉传粉，减少产生不健康的孱弱后代的机会——这些不幸通常是由自花传粉事故导致的。达尔文（Charles Darwin，1809—1882）率先指出，不完全花（单性花）能容许有些植物变为性专家，而这增加了它们作为母亲或者父亲的效率。比如，在一定的条件下，一株雄柳树可以比一株开两性花的蔷薇拥有更多的后代。

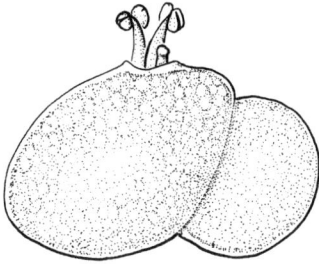

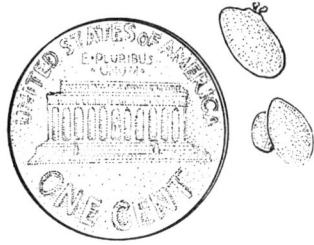

有着不完全花的植物，花的大小差别非常大。上图：一种浮萍科浮萍属
（*Lemna*）植物的全株。有两个雄花和一个雌花，雌雄同株，但花单性。下图：一
朵孤立的阿诺尔特大王花（*Rafflesia arnoldii*）雄花。梅尔斯绘制。

不过，不完全花（单性花）也不能总是阻止自花传粉。比如，如果一只蜜蜂访问了同一茎蔓上的雄花和雌花，自花传粉就可能发生。在后面的章节中，你会看到，多数植物利用了一些技巧组合来避免"自花受精"。

我相信，我们正在错过不完全花本性中非常精微、非常特别的东西。植物学家忘记提及，不完全花在大小方面也可以展示惊人的变化范围。在我们这个星球上，最小的花和最大的花都是不完全花。我并不认为这是一种巧合。似乎有某种东西阻止雄蕊轮被或者心皮轮被的发育，才使得花的长度和宽度具有极不寻常的可塑性。

花朵最小的植物漂浮在水面上生长，在家庭的小鱼池和缓慢流动的热带河流里都能看到这样的植物。那就是浮萍科的芜萍属（Wolffia）植物，现在已知的有 7 种。芜萍通常只有一个悬垂根，这种根附着于一种缩简且略呈绿色的扁平体①上，很像漂浮的树叶碎片。成熟的植株非常小。一个南美种芜萍能"迁移"到了水禽羽毛上的新"水塘"中。当一株芜萍"开花"时，雄花和雌花都长在同一株小植物的小袋袋里。芜萍花没有萼片和花瓣。雄花干脆只由一个单一的雄蕊组成，长度不超过一毫米。雌花由紧缩的单一心皮组成。

处在大小尺度另一个极端的，是名副其实的大花草科阿诺尔特大王花（Rafflesia arnoldii）。目前这个"大王"只有少量自然分布在印度尼西亚苏门答腊岛人迹罕至的森林里。这种植物一生大部分时间在地下度过，靠侵扰属于热带葡萄科（Vitaceae）的木质藤本植物的根过活。在大王花即将开花之前，观察者是无法识别它的。巨大的花芽顶出森林地

---

① 一般称"叶状体"，但与通常植物的叶还不一样。

表的枯叶层后，有些可能要等待 9 个月之久才开放。花芽最终开放时，雄花或雌花的直径可达 2.5 英尺，重量超过 12 磅！^① 这些花太大，并且太娇嫩了，多数植物学家已放弃用重重叠叠的新闻纸、吸水纸和纸板把它们压制成标本加以收集的企图。要保存花的形态，最好是像处理青蛙或蛇的标本一样，把它"浸泡"在保护液中。

不过，多数拥有不完全花的植物，似乎选择了紧缩的身材。花越小，不同性别的花就更容易分开来成束附着在花柄或茎上。这一点对于欧洲和北美洲的乔木和灌木来说更为普遍。从隆冬到仲春，人们可以在壳斗科栎属（*Quercus*）、桦木科桦木属、壳斗科水青冈属（*Fagus*）、壳斗科栗属（*Castanea*）和胡桃科胡桃属（*Juglans*）植物的枝头看到成团的雄花和雌花。

这些全部由雄花构成、身着毛状保护层的花序，通常悬垂在枝上。古老的自然书上称它们为柔荑花序，因为它们很像毛毛虫或毛茸茸的小动物。柔荑花序释放出花粉之后，整个花序轴就会断掉，噼里啪啦落在我们的窗户上，在潮湿的天气里还会粘在我们的汽车上。

对于有些乔木，长着雄花的花轴，要比长着雌花的花轴长一些。雌花的花轴通常滚圆或矮胖，并且比雄花的花轴上包含更少的花朵。大小、形状和数目上的差异，似乎直接关系到雌花的形式和未来。雌花需要一点额外的空间以及更强壮的花柄，因为它至少包含一个隆起的子房。雌花的子房当然不希望从树枝上掉落。它们应当向外膨胀，成熟为丰满的槲果、坚果、包着种子的蒴果，甚至长成在金缕梅科枫香属（*Liquidambar*）植物甜胶树那里可以见到的有点吓人的"球"（圆球形

① 换成中文单位，分别相当于 76.2 厘米，5.4 千克。

头状果序）。小糙皮山核桃（*Carya ovata*）树上的雄柔荑花序几十个簇拥在一起，而长在一起的雌柔荑花序很少有超过 5 个的。

灌木和乔木也进行算计。雌花比雄花寿命长，它们消耗植物的水分、养料和建筑材料，把这些资源投资到健康的种子和起保护作用的肥厚果皮中去。对比而言，雄花在释放出生产成本相对低廉的花粉粒之后，就被迅速处理掉。这就是同一株树上雄花数目通常远多于雌花的原因。

不过，在一定的条件下，在不同季节，有些植物可以灵活调整产出雄花与雌花的比例。有时预算直接与植物的年岁有关。对于许多天南星科（Araceae）喜林芋属成员而言，雄花和雌花长在同一根肥大肉质花轴上，而相对较大的雌花通常藏在底部。外围苞片越年轻，植物就越小。而植物越小，它投给雌花的资源就越少。因此，在第一季节佛焰苞初放时，它的肉穗花序只由雄花构成。在未来的季节，当植物长大，贮存了更多的淀粉和矿物质可供繁殖之用时，雌花才会吝啬地加入。

雄花与雌花的比例也可能受环境的影响，而这一事实也深刻地影响到我们所能收获的粮食总量。葫芦科植物西瓜、瓠子、西葫芦和黄瓜的藤蔓，很少会活过一个季节。如果气候足够温暖，早春时节就将这些藤蔓移栽到户外，它们会比在初夏才种到外面的秧苗结更多的瓜果。为什么呢？

一个重要原因是，这些藤蔓产生的雌花数目，直接取决于秧苗接受日照的小时数。喜欢短日照和早春凉爽天气交替出现的藤蔓，能够产生一种荷尔蒙，促进雌花的形成。而到了夏季，植物启动主动生长程序，就要面对长日照和炎热天气的循环。这种多光和高温的组合，会提示藤蔓产生第二种荷尔蒙，促进雄花的生成。

　　我猜测，这是一种适应性，是我们园中的藤蔓植物从起源于干燥地区的野生祖先那里继承来的。一株能够在湿季就早早启动生长程序的野生藤蔓，具有很长的寿命，它有充足的时间来聚集水分和糖，以便在夏末结出硕大的果实。这很可能就是促进雌花生长的荷尔蒙在春天短日照和凉爽天气下被激发出来的原因。如果雌花开得过晚，遇上炎热的旱季，它们的果实就不大可能有充足的时间让种子或果肉发育成熟。[①]

　　这就解释了为什么将南瓜属的瓠子、小南瓜或南瓜延迟到初夏才栽种，可能导致年轻的秧苗变成"光棍秧"。日照越长，就越会鼓励后期的藤蔓把有限的资源转移到生产成本廉价的花粉上来。它不会产生果实，不过它也能够产生后代，办法是与藤蔓上数周前早就开放的任何雌花交叉传粉。

　　当然，对人来说，雄花也可以是一种食物来源。如果你不想让西葫芦的雄花浪费掉，那么你可以学墨西哥人的做法。在墨西哥中部，农产品市场有小南瓜或南瓜的雄花出售。厨师把它们剁碎，当做香料添加到奶油汤和素菜汤中去。

　　如果某种植物既产生雄花又产生雌花，那么这样的物种对于性的表达是否更稳定一些呢？在显微镜下，我们可以看到大麻植物的性别受"X"和"Y"性染色体控制，这一点跟人类一样。在人类胚胎中，当 X 和 Y 相遇时，生出的孩子就应当有阴茎和睾丸。而在大麻种子中，X 和 Y 相遇长出的小植株将来就只能开出雄花。

　　有些植物对性染色体进行的控制，比许多动物更为严格，因为植物的染色体经过少数几代就能迅速改变。如果植物继承了其双亲性细

---

① 北半球多数地区是春秋为湿季，夏天进入旱季，但在中国是夏天进入雨季。赤道地区常按旱湿季进行气候划分，但我国似乎较少。

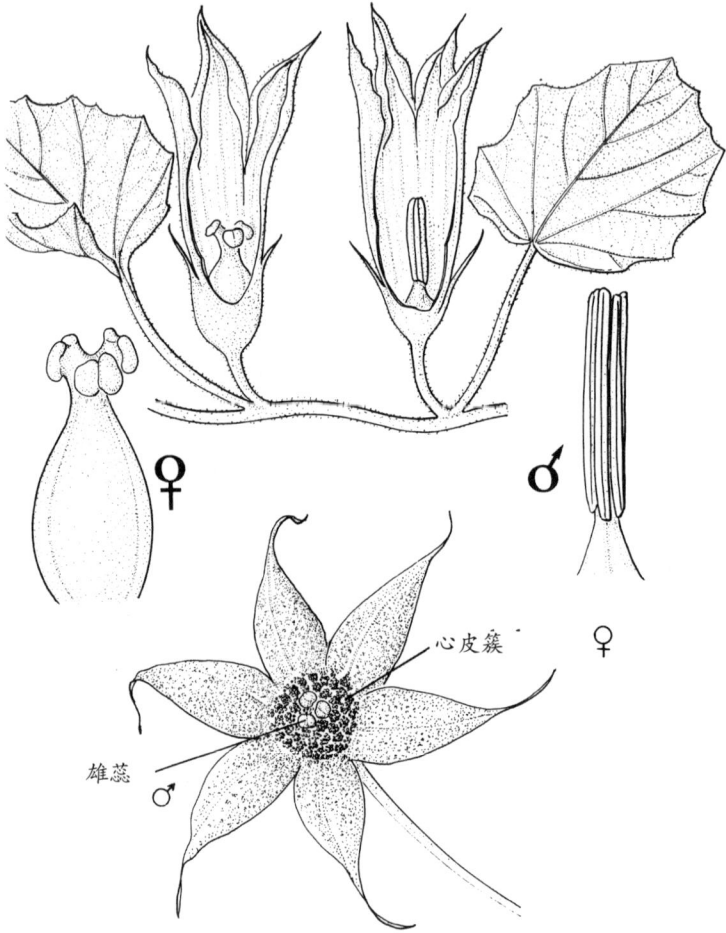

上图：小南瓜的雄花和雌花生长在同一藤蔓上。**下图**：生长在墨西哥的霉草科拉坎顿属（*Lacandonia*）植物，是唯——一种心皮与雄蕊交换了位置的植物。

胞分化过程中经常发生的"事故"，它就能够继承额外的染色体。当两个不同物种之间存在成功的杂交史时，在某些世代中，染色体数会增加，导致可育的后代遗传了额外的不匹配的染色体。随着时间的推移，蓼科酸模属（*Rumex*）、桑科葎草属（*Humulus*）和蔷薇科委陵菜属（*Potentillia*）植物积累了额外的染色体。

也有证据表明，某些植物"简并"了细胞中染色体的数目。显微镜研究表明，槲寄生科（Viscaceae）的圣诞槲寄生的细胞中少数又大又胖的染色体，就可能是通过把许多较小的染色体连接起来而得到的。这就像把若干鸡尾酒会香肠串接起来，组成一个巨大的"法兰克福香肠"一样。

尽管许多植物积累了额外的性染色体，但他们多数会设法避免性别混淆。在啤酒花的一个变种华忽布（*Humulus lupulus* var. *cordifolium*）中，雄性的性染色体是XXYY，而雌性是XXXXX。[①] 而在小酸模（*Rumex acetosella*）的某些种群中，雄性是XXXXXXXY，而雌性是XXXXXXXX。植物的性别也可以只由一个染色体决定。在某些薯蓣科薯蓣属（*Dioscorea*）植物中，Y染色体已经破碎，它的基因已经被同一细胞中别的染色体所吸收。一粒山药种子究竟长成藤蔓"男孩"还是藤蔓"女孩"，取决于它是否继承了某个单独的X染色体。

仅仅有性染色体，并不总能保证植物的性别被确定下来。要记住，人们在人类胚胎内部能看到生殖器，但是在种子胚胎中却看不到花蕾。多数植物只是在它们已经发芽并长到一定大小时，才开始形成花器官。减少大麻秧苗的水分和日照时间，那些原本要发育成雌株的就转而发育

① 对这个物种而言，雄性的性染色体有4个，而雌性有5个。

成雄株了。

生病也能使植物的性别发生改变，如果疾病找到某种办法利用了花的发育。石竹科（Caryophyllaceae）的一个欧洲成员麦瓶草（*Silene dioica*）就是这样一个例子。麦瓶草本应产生单性雄花或雌花，但是当雌株感染花药黑粉菌时，它的花蕾就变成了两性花：心皮仍会缓慢地生长，但有一轮雄蕊也开始发育。不过，这些染病的雄蕊并不产生花粉，而是会喷出黑粉菌的孢子。这样真菌就控制了雌株，菌丝深入到花的细胞当中，搅乱了原有的荷尔蒙信息。具有讽刺意味的是，疾病给了宿主完全花，到头来，却已将一度是雌性的受害者变成了不育的两性"保姆"。

现在植物学家懂得了，在进化过程中，各种各样的植物既可以决定其花的不同器官出现与否，也可以改变器官的数目。一个大问题是，在同一朵花上，进化是否曾引起不同器官位置的改变？

如果在1988年以前问这样的问题，多数植物解剖学家会嘲笑你。他们认为所有花中萼片、花瓣、雄蕊和心皮的相对位置都是固定的，就像天穹上的星座和人面部眼耳鼻口的分布一样固定。当时人们已经知道，植物育种家推广的"完美粉红"山茶花中，雄蕊和心皮已完全被额外的花瓣取代。然而，花中不同的器官依然不会改变位置，对吗？

大自然终究要羞辱植物学家。到了1989年，马丁尼兹（Esteban Martínez）和拉莫斯（Clara Hilda Ramos）让植物学家共同体大吃一惊。他们描述了来自墨西哥丛林的一种无叶藤本植物。叉肢拉坎顿（*Lacandonia schismatica*）在花蕾打开之前，外表上看起来与霉草科（Triuridaceae）霉草属（*Triuris*）的其他成员一样。但两位科学家吃惊地发现，当花瓣展开时，雄蕊端坐于花的中央，而许多较小的心皮围成一圈环绕着它们！这些不起眼的攀援植物一年到头开着花，好像在提醒着所有植物学家：你们以前是多么傲慢。不过公平点讲，除此之外，到现在为止还没有发现其他野生植物器官轮被交换位置的案例。

分子遗传学家似乎也喜欢嘲弄植物学家。他们学会了阅读和控制决定花中器官相对位置的遗传信息。由于每朵花都是一条紧缩的枝，所以人们分离出并识别控制花器官相对位置的基因，只是个时间的问题。更重要的是，人们识别出那些其基因用以决定一个发育的隆起将变成花瓣还是变成雄蕊的蛋白质，也只是个时间的问题。

在美国加州理工学院迈耶罗维茨（Dr. Elliot Meyerowitz, 1951— ）博士的实验室，人们用十字花科的拟南芥（*Arabidopsis thaliana*）做实验。这种十字花科（Brassicaceae）的杂草性成员从种子发芽到植株长出果实，在一个月内就可以完成整个生命循环。拟南芥这类世代很短的植物对于遗传实验室极有价值，就像果蝇之于遗传学家。

迈耶罗维茨实验室已经生产出一种拟南芥，其花中6个雄蕊和2个心皮永远不会生成。取而代之构成花朵的是几轮重复的萼片和花瓣。花的中心由一轮萼片组成，外面包围着两轮花瓣。如果这种变异不能激发你的想象力，那么一种既缺少萼片也没有花瓣的植物花朵怎么样？这种植物的花与野生拟南芥一样，6个雄蕊围绕着2个心皮。等一等，这是什么？两个附加的心皮已经在雄蕊轮被的**下部**发育。这些雄蕊现在是心皮三明治中的"肉"。

迈耶罗维茨报告说，他的实验室把拟南芥的花变成像拉坎顿属植物那样，可能也只是个时间的问题，因为他已经从墨西哥采集到了这种植物的遗传物质。剪切和复制一小点DNA就齐活了。进而，世界上其他实验室也在对植物进行类似的实验，那些植物可能要花相对长一点的时间才开花，其中包括玄参科的金鱼草（*Antirrhinum majus*）和伞形科的胡萝卜（*Daucus carota*）。

　　实验室里设计出来的新植物正在走进我们的花园。我们应当认识到，有一天这些被改动的花可能对基础研究和国民经济作出重要贡献。这样的事情不是第一次发生了。别忘了，我们对突变体的兴趣几千年前就开始了，那个时候就有人发现，有一枝玫瑰花长着不止 5 个花瓣。

因为玫瑰是花中之花，
所以这是所有房中之房。

    ——见于约克郡的约克礼拜堂和牧师会礼堂，无名氏铭文

第三章
比萨饼上的小猪

    野生犬蔷薇花就像一位非常考究的厨师烤制的比萨饼。大厨只用四种糕点配品，分别按一定的顺序逐轮摆放在已加了调味汁的比萨饼顶部。尽管厨师在不同轮被上使用的配品数量不等，但他可以保证同一轮被上每个扇形小块都大小相同，薄厚一致。在比萨饼上，最终只有五块扇形的"花瓣香肠"，每块具有同样的弧长和厚度。他精心布置，使五块扇形构成五角星形的外部轮廓。然后他在比萨饼上添加上百个"雄蕊鳀鱼"，每个都切成相同的长度和宽度。鳀鱼雄蕊处在"花瓣香肠"和中央的"心皮虾"之间，布置得颇像车轮的辐条。

    犬蔷薇与这种想象中的比萨饼还有其他共同之处。如果你想把它们切成两半，从哪个方向动手都无所谓。假如你从一头到另一头沿直径切

开，你会得到花或比萨饼的两个镜像部分。如果你直接按对折点切开，你会发现每一半上均有相同数目的器官或调配品。

　　玫瑰和比萨饼都具有辐射对称性①。辐射对称可以在多数花中表现出来，不管是完备花还是不完备花，不管是完全花还是不完全花。比如，雄桑葚花呈辐射对称，因为它的 4 个缩减的萼片形成一个有序的圆圈，环绕着 4 个相对的雄蕊。辐射对称性在许多海洋动物的成体阶段也多有表现，包括海星、海胆、美杜莎水母和海葵。也许这就是如此多的海洋生物的名字叫做什么星和什么花的原因。

　　具有辐射对称性的花，通常能够为其传粉者提供最大的访问便利。如果一只小蜜蜂来拜访一朵大玫瑰花并为其传粉，无论它降落在哪个花瓣上，都可以进入雄蕊群。所有花瓣都是一样的。它降落在花瓣的一侧所看到的雄蕊，与从所有其他角度看到的完全相同。昆虫必须爬过中央的心皮肿块，才能抵达另一侧的雄蕊。一朵清早就开放了的草花摇曳多姿，在空气中晃动着它的 3 个雄蕊和单个心皮。由于雄蕊围绕着心皮形成了一个三角形，微风从哪个方向吹过来都是一样的。气流或者把新的花粉带到松软的柱头上，或者把花粉粒从花药上吹下。

　　有些呈辐射对称的花朵会通过将甬道延长或变窄来限制传粉动物的种类以及动物在内部的运动：有些花的萼片、花瓣或者两者共同形成了又长又窄的管子或者漏斗。在玫瑰花中畅通无阻的蜜蜂就只能从很小的入口爬进去访问旋花科番薯属（*Ipomoea*）植物的花。它头朝下扎进

---

① 植物学界用惯了"辐射对称"的描述，如果考虑到兄弟学科（数学、物理、结晶矿物学等）的用语，用"旋转对称"可能更准确些。因为旋转对称限定得更明确，只涉及对称轴及其次数，并不考虑是否存在对称面（左右对称或两侧对称）。山桃花有 5 次旋转对称轴同时有 5 个对称面（$L^5 5P$）；曼陀罗花有 5 次旋转对称轴（L^5）但没有对称面；香港区花洋紫荆有 5 个花瓣，但只有一个对称面（P），没有旋转对称性。

花筒，抵达花瓣形成的狭窄漏斗底部，用伸长的舌头"汤匙"舔食花蜜。蜜蜂进食时，雄蕊和心皮的尖端会在它头上蹭来蹭去。番薯花花冠的设计减少了短舌的蝇和体型较大、行动不便的甲虫对花蜜和花粉的偷盗。

与此相对照，豆科（Fabaceae）植物的蝶形花看起来就像一位酒喝多了的厨师烤制的比萨饼。特别是，花瓣具有不同的大小和形状：有一个花瓣非常大，有点像一面旗帜，被称做"旗瓣"。两个较窄的花瓣在两侧相对而立，被称作"翼瓣"。第四和第五个花瓣连在一起，形成一个垫子，看起来很像船的龙骨，叫做"龙骨瓣"。十个雄蕊和单个心皮组成的花柱不是平均分布在花的四周，而是都拴在龙骨上。

拿一把小刀切开一朵豌豆花，如果你想让切出的两部分完全相等，只能沿某一个特定方向动刀。你必须直接沿着旗瓣的正中央，向下一直延到龙骨瓣的中央切开。这类花具有两侧对称性。它的前面与后面是不同的，这一点与蜜蜂、乌龟以及人类的身体一样。

虽然两侧对称性最常见的情况下是通过花瓣的不规则发育表现出来的，但某些植物种类已经通过改变花中其他轮被的器官发育而改变了花的形状。比如毛茛科乌头属（Aconitum）的狼毒乌头花引人注目的"兜罩"，由单独一个膨胀起来、完全不同于另外4个花瓣的花瓣构成。玄参科柳穿鱼属（Linaria）和紫葳科黄金树（Catalpa speciosa）花上的雄蕊，只簇拥在花冠的某一侧。这些雄蕊以不规则的形式紧密聚在一起，并不按可预测的辐条状排列。

相对于辐射对称而言，两侧对称所统治的植物科数似乎要少一些。除我已经提及的豆科以外，凤仙花科（Balsaminaceae）中的许多种，以

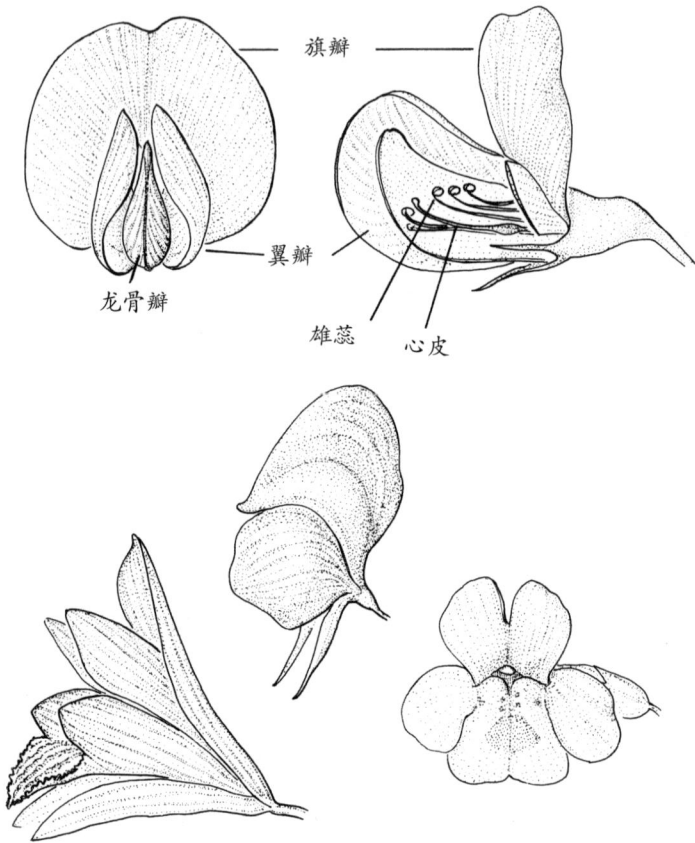

具有两侧对称性的花。**上左图**：在豌豆花的正视图中，花冠中各种花瓣的大小和形状都不一样。**上右图**：豌豆花侧视图，其中一个翼瓣已被摘除。**下图**：各种各样的"袜偶"花形。从左按顺时针顺序，依次为兰科白芨属（*Bletilla*）中国兰、毛茛科乌头属（*Aconitum*）狼毒乌头、紫葳科梓树属（*Catalpa*）梓树的花。梅尔斯绘制。

及董菜科（Violaceae）、牻牛儿苗科（Geraniaceae）老鹳草属、苦苣苔科（Gesneriaceae）、玄参科（Scrophulariaceae）和唇形科（Lamiaceae）植物的花冠，看起来都像袜偶（sock puppet），或者像上下颌大小不同的动物口络。在兰科植物的花中，两侧对称性占据 99% 的种类，达到20000 种。尽管多数兰花具有典型的袜偶形或口套形，但兰花迷们更看中的是杓兰属（Cypripedium）中的"拖鞋"、手臂兰属（Spiculaea）的"胳膊"、瘤瓣兰属（Oncidium）的"舞娃"、简距兰属（Tipularia）的"长腿蝇"、蝴蝶兰属（Phalaenopsis）的"斗蛾"，还有小龙兰属（Dracula）的"魑蝠头"。

相对于辐射对称而言，两侧对称对授粉者在花上的运动施加了更多控制。当动物接触花粉和心皮时，两侧对称的花朵会限制动物进出花朵的方式。

当一只蜜蜂试图采集豌豆花中的花蜜时，它只有直接在龙骨花瓣上着陆，才有最大可能得到甜蜜的回报。蜜蜂的体重使龙骨瓣突然爆开，新鲜花粉就会擦拭在蜜蜂的下腹部上。一只在一株卡特兰上寻找花蜜的热带蜜蜂，会首先降落在一个又宽又厚、像嘴唇或舌头一样的花瓣上。然后，蜜蜂会向前爬进花的"咽喉"。但是花的喉部空间太狭窄，它无法转身，所以只能倒退着从花中出来。这时它隆起的背部就会蹭掉花药帽，把花粉块黏在胸部或头上。

这意味着具有两侧对称性的花可以把花粉固定在动物身体的特定部位上，而不是向传粉者全身乱撒花粉而造成浪费。"袜偶"型花的花药通常瞄准昆虫的背部，致使这些粮秣征收员很难看到花粉粒，也很难用小腿把它扒拉掉。花朵的花柱通常弯曲或者成一定角度，从而柱头能接触到花粉携带者身上携带的花粉斑点。

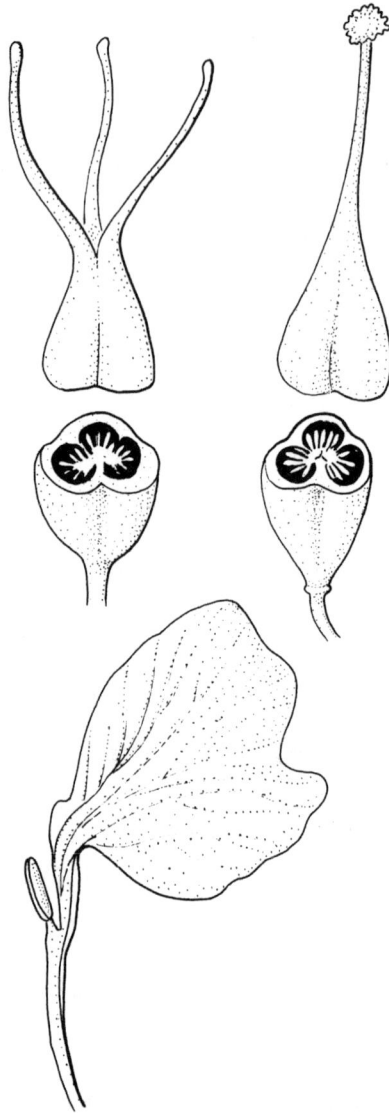

花器官的聚合。**上左图**：金丝桃属植物三个心皮的部分同质聚合。三个子房联合在一起，但三个花柱仍然是分离的。**上右图**：百合属（*Lilium*）植物中三个心皮的完全同质聚合。下图：报春花属植物的雄蕊与花瓣的异质聚合。梅尔斯绘制。

　　许多花采取聚合的方式来维持固定、正规的形状。花芽中的隆起不是发育成彼此分离的器官，而是将周围部件聚合在一起，将外层组织联合起来，有时它们共享着一些维管。通过聚合，花中建造了一些连续的环状围墙，某一圈层的器官可对其他圈层的器官提供支持，这样就强化了花的形状。

　　植物学家确认了两种聚合方式。"同质愈合"（coalescence，来自拉丁词 coalescere，"一起生长"的意思）发生于属于同一圈层的器官相联合的情形。豌豆花的龙骨瓣就是"同质愈合"的例子，多数形状像酒杯、茶壶、喇叭、管子一样的萼片或花瓣都属"同质愈合"。

　　更为重要的是，"同质愈合"是多数被子植物心皮发育中的一种趋向。许多花看起来好像只包含一个巨大的心皮。比如金丝桃属的雌蕊群看起来就像一个长着三个分支花柱的单一心皮。圣母百合（*Lilium candidum*）的雌蕊群看起来像一个心皮，其中柱头是个小三角或分为三个小裂片。如果你把这些花的子房横向切开，你就会得知真相。每个子房包含三个分离的长满胚珠的房间（称作"室"）。这两种花在进化过程中，三个心皮"同质愈合"，形成了一个生产种子的器官。旧的植物学图书称这样的复合结构为雌蕊（pistils），因为它的形状很像古代的碓槌（pestles，来自拉丁词 *pistillum*）。

　　对于不同科的植物而言，联合在一起形成单一雌蕊的心皮数目是不同的。锦葵科（Malvaceae）的某些成员可以将十个或更多个心皮聚合起来形成雌蕊。成熟果实的**种子室（果瓣）**数目可以通过驯化而增加。比如，人们在番茄（*Lycopersicon esculentum*）的选育过程中，已经把野生的两室果实的祖先变成了具有宽阔五室果实的后代，我们在汉堡包和夏日沙拉中最常见到的就是这种后代。

第二种聚合方式称作"异质愈合"（adnation，来自拉丁词 *adnatus*，"已经一起生长"的意思）。听起来与"同质愈合"差不多，但是"异质愈合"对整个花的结构产生了更强的影响。当不同轮被的不同器官聚合在一起时，它们就"异质愈合"了。我们很容易在如下花园植物中观察到"异质愈合"的例子：花荵科天蓝绣球属（*Phlox*，也译作福禄考属）、木樨科丁香属（*Syringa*）、紫草科勿忘草属（*Myosotis*）、报春花科报春花属（*Primula*）、唇形科薄荷属（*Mentha*）。在这些花中，雄蕊与花瓣联合在一起，并且通常共享内部的维管。异质愈合使得差异很大的几种器官能够作为一个独立的单元一起发挥作用。花瓣变成了支撑雄蕊的平台或导管。

萝藦科（Asclepiadaceae）、花柱草科（Stylidiaceae）和兰科（Orchidaceae）植物的成员又前进了一步。它们的雄蕊与心皮聚合在一起。人们可能认为，雄性器官与雌性器官那么靠近，也许会促进自花受粉。但是在多数情况下，交叉传粉仍占据主流。这是因为聚合起来的雄蕊和心皮，即所谓的合蕊柱（column），一开始起着花粉捕获器的作用，之后才起胶棒的作用。钻进萝藦花或兰花的传粉者通常要经历两个步骤。当它进入花朵时，合蕊柱的组合设计以及周围的花瓣通常会迫使它将从别处带来的花粉卸载到柱头上。只有当动物试图离开花朵时，合蕊柱才把花粉粘贴到它身体上。

"异质愈合"最终决定了子房在花朵中的位置。只有当一些不同轮被的器官聚合时，才有可能使花朵纵剖面上子房变为花柄顶端最靠上部的器官。植物学家称这样的花为下位（hypogynous）花，其中希腊词 *hypo* 是"在……下面"的意思，*gynē* 是"妇女"的意思，因为子房相对于萼片、花瓣和雄蕊处在最优势（最高）的位置上。槭树科槭树属

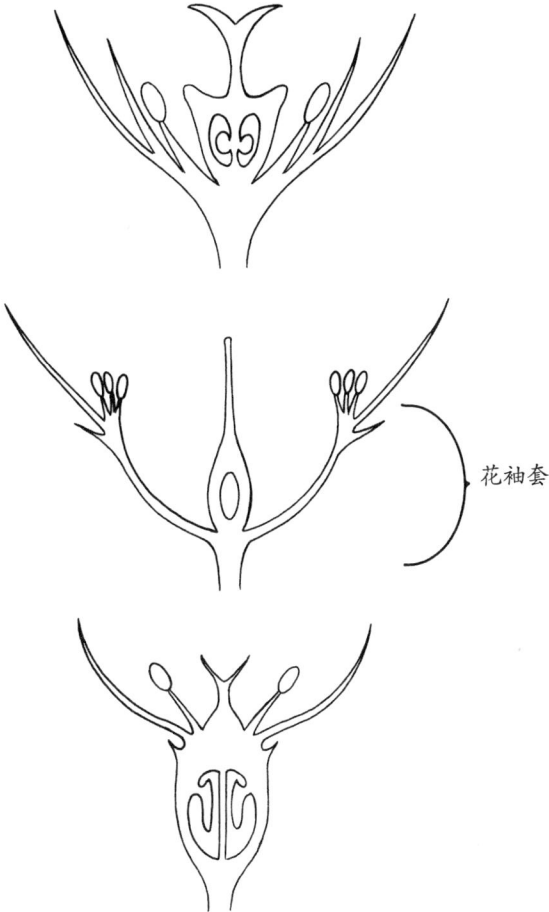

花袖套

花的纵剖面结构。**上图**：槭树属（*Acer*）的下位花。子房处在最高位。**中图**：李属（*Prunus*）的周位花。子房仍然高位，但它被一圈花袖套包围着，花袖套由聚合到花冠上的雄蕊群组成，其中花冠又聚合在花萼上。**下图**：伞形科胡萝卜属（*Daucus*）的上位花。低位的子房被埋在异质愈生组织下面。梅尔斯绘制。

（*Acer*）枫花和圣母百合的花是下位花很好的例子。

相反，蔷薇科的蔷薇属（*Rosa*）、李属（*Prunus*）、委陵菜属（*Potentilla*）和虎耳草科的虎耳草属（*Saxifraga*）都具有周位（perigynous）花。这又是一个希腊词，意思是"围绕妇女"，因为萼片、花瓣和雄蕊基部全部聚合在一起，并不连接在子房上。子房仍然是花朵的最高部分，因为其他器官只是围绕着心皮的基部形成一个联接起来的袖套或碗。

兰科、石蒜科（Amaryllidaceae）、忍冬科（Caprifoliaceae）、茶藨子科（Grossulariaceae）、桔梗科（Campanulaceae）、菊科（Asteraceae）成员的花则属于另一种类型。在这些花的器官中，所有轮被最终都聚合到子房上，把子房埋在联合在一起的组织层下。其纵剖面显示，这些花是上位（epigynous）花，其中 *epi* 为希腊词，"在……之上"的意思，*gynē* 是"妇女"的意思。此时，子房是地位最低或者位置最靠下的器官，完全被异质愈合的轮被覆盖住。只有雌蕊的花柱伸出于包裹组织的毯子兜上。

植物学解释花结构这三种构型的进化，就好像在讲述"三个小猪"的故事。下位花的子房可以比作用稻草盖房子的小猪。它可能受到野兽针对胚珠和种子而发起的残暴攻击，因为它缺少紧实的、加固的保护层。周位花中的子房类似于生活在木屋中的小猪。它周边有了更多的保护，但它仍然面临捕食者进入碗里或者探入花袖套的危险。上位花对应于生活于砖房中的小猪。被埋起来、受到加厚层保护的下位子房，被视为一种早期防御性设置。发育成这种结构是为了抵御搞破坏的昆虫，特别是甲虫、蚂蚁和害虫，它们会在子房上打洞，把卵产到幼小的种子上。这是一个动听的故事，但是它不足以解释沿着不同线索各自独立的进化趋向。

有时，表面看起来是一个被埋起来的子房，实际上是许多不同器官被埋藏起来的结果。兰花需要形成许多聚合，才能在唇瓣和雌蕊柱之间托起传粉者，于是兰花的子房就被埋起来了。^①但是多数兰花的果实在发育的最早阶段包着很薄的皮并且十分脆弱。有时，在内部形成一种被埋起来的子房，对于植物散布种子很方便，因为花的其他器官仍然与果实相接触，可以帮助种子从母体上移出。比如，菊科蒲公英属（*Taraxacum*）植物各个果实可以随风优美地飘荡，因为干枯的萼片仍然固着于子房上，形成一把好看的降落伞。^②

胚珠通过花粉精子受精后，如果它会继续生长和发育，即使周位花也能利用旧花袖套的基础。从厨房拿来一只苹果，把它倒过来（果柄朝下），用放大镜检查花蒂脱落后疤痕形成的"凹坑"。如果你用一根针梳理这个凹坑，你就能辨认出花萼的顶部和一些干枯的雄蕊（花瓣末端可能已经掉了）。构成不可食用的坚硬果核的五角星状物，是真正的成熟子房，此时已经长满了黑色的种子。彩色的果皮和围绕子房的甘甜、新鲜组织代表了异质愈合袖套的基础，此时膨胀起来，充满了汁液，有的品种外表呈红色。正是萼片、花瓣和雄蕊基部聚合形成的这种鲜嫩肥厚的残余物，吸引了食苹果动物的注意。鸟类和哺乳动物吃掉野苹果周位花形成的果肉，把它的种子从母树上扩散到了远方。

这也解释了为何玫瑰花中有如此多的个体心皮，然而每朵花只产生一个隆起的长满种子的蔷薇果。周位花的鲜嫩碗，当它们形成种子时，

---

① 兰花的花蕊，不像别的花朵雌雄分蕊，而是在唇瓣上方生成一个合二而一的为兰花所特有的"合蕊柱"。花瓣和萼片基部相连，将子房埋在里面。
② 作者此处不是指带有冠毛的单个种子在风中飘动像降落伞，他强调的是一群种子立在略弯曲的子房上，整体上构成一把半球形的美丽降落伞。

"吞掉"了较硬的受孕心皮。附着于某些蔷薇果基部的五条脆弱的"缎带"，正是萼片末端残余物，即那五个兄弟。

有的人对他们吃的东西所知甚少，以至于把食物中不熟悉的植物成分诉之公堂。在 20 世纪 80 年代后期，一位律师带着某种"脏"东西找到我：他的客户说这是她从自动售货机售出的苹果馅中发现的。在显微镜下，可以看清这个可疑的东西是苹果蒂的碎片。事实上，萼片的形状和雄蕊都显示，馅是用最普通的苹果"蛇果"（Red Delicious）做成的。听了我的分析，律师很失望，但他仍保持了礼貌，并立即向我支付了咨询费。

器官的数目、对称性和聚合方式成就了一朵花的独特之处。掌握这些因子相互组合的知识，将使我们更加聪明。最好的地方在于，它使我们摆脱了植物俗名对我们的残酷折磨。我们可以把玫瑰花与报春花（报春花属［Primula］植物，英文名为 primrose）、圣诞玫瑰（毛茛科铁筷子属植物黑铁筷子［Helleborus niger］，英文名为 Christmas rose）、晚香玉（石蒜科或龙舌兰科晚香玉属植物晚香玉［Polianthes tuberosa］，英文名为 tuberose）进行比较，并认识到这四种植物的名字里虽然都带有玫瑰（rose）字样，但彼此没有关联。它们花朵的解剖图和聚合模式大不相同，以后甭想再糊弄我们了。

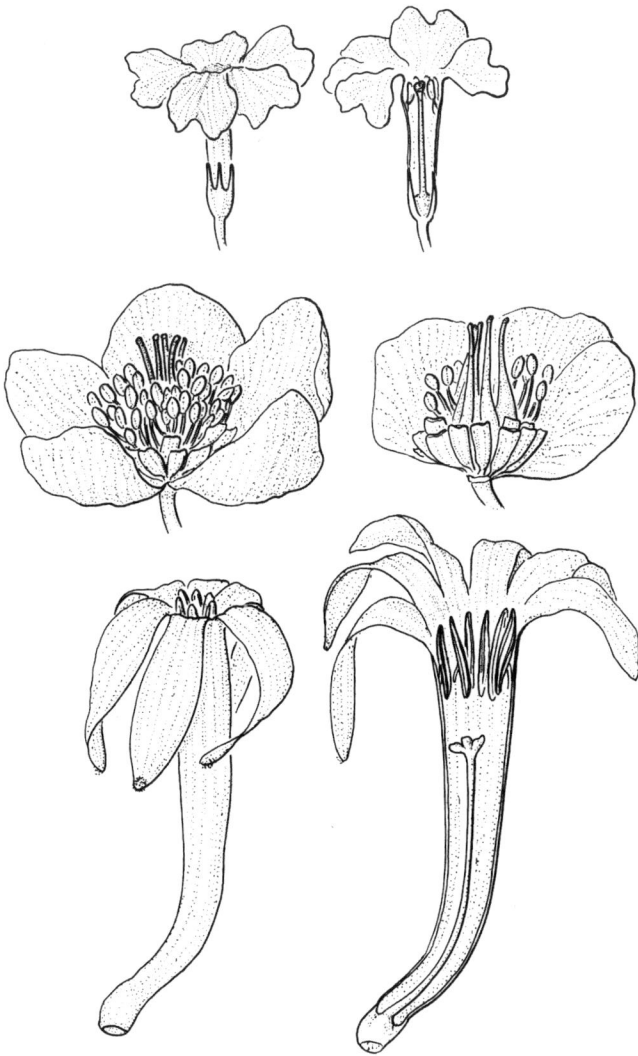

器官数目的不同和聚合方式的不同表明，这些花不是真正的玫瑰，尽管它们俗名中包含"玫瑰"字样。**上图**：报春花（报春花属［*Primula*］植物，英文名为 primrose）。**中图**：圣诞玫瑰（毛茛科铁筷子属植物黑铁筷子［*Helleborus niger*］，英文名为 Christmas rose）。**下图**：晚香玉（石蒜科或龙舌兰科晚香玉属植物晚香玉［*Polianthes tuberosa*］，英文名为 tuberose）。梅尔斯绘制。

此时，一百年的期限已接近末了，
玫瑰公主布莱尔的日子终于要来到，
她要从长睡中苏醒。
恰好在这个特别的时候，
王子启动了他的计划。
他伸手去够长满荆棘的树篱，
吃惊地发现，
上面披满了无比美丽的花朵。

——格林兄弟（Jacob Grimm［1785—1863］和 Wilhelm Grimm
［1786—1859］）《森林中的睡美人》

第四章
何时开放

当季节变得炎热、干旱时，一株热带乔木摇落了它所有的叶子，不过，它又迅速地穿上了厚厚的花衣裳。二月的某个黎明，一缕雪地番红花把淡黄色的花芽推出正在解冻的土壤，直到它们能够晒到那微弱的阳光。尽管这些情景发生在不同的大陆，但两者都使大自然的鉴赏者十分欣喜。

多数人在经历了乏味、不舒服的季节后，欣悦于能够目睹植物花朵的竞相开放，并且希望借助于遗传技巧延长这种表演。比如，一些收集者宁愿选择古老的玫瑰繁育方式，提高其坚挺度，突出其强烈的芬芳和精致的颜色。不幸的是，这些老办法多数只能让花在一年中开放两星期。到你家附近的苗圃去，你会发现，流行的正是非常讲究的现代繁育方法，因为它们许诺提供"不断开花的玫瑰"，可以从春末一直开到秋天。

在一株植物中，花是从哪来的？它们似乎魔术般地从裸露的大地上崛起，或者似乎是从一堆无形的茎和叶组织中突现而来。

枝、叶和花都来自同样的微观组构。它们是由简缩的茎端制造出来的。用肉眼很难看清这个端点，因为在生长季节它通常被发育中的小叶覆盖着，而在休眠期又被花芽鳞苞覆盖着。这个端点被恰当地称为苗分生组织（meristem），这个词来自希腊词 merizein，意思是"分开"。将苗纵向切下一个小条，通过对其进行染色，植物学家能确定细胞分化最活跃的部位，因为分生组织是植物体生长中的优势区域。分生组织由快速分化的细胞组成，这种细胞叫原始细胞（initials）。开花植物的苗端总是由层状的原始细胞组成。

最外层的原始细胞形成了原套（tunica）。原套原始细胞很小，如其名字所暗示的，它们排列紧密，有序地排成层状，很像裹在身上的衣服。多数原套原始细胞在分化中形成植物的表皮，以及植物外表面的所有细毛、腺体和花芽鳞苞。在原套的下面是一些整齐码放的膨胀的原始细胞，它们构成苗的原体（corpus）。原体原始细胞从各个角度在各平面上进行分化，通过形成髓和脉等组织增加植物体内部件的体积。原套和原体共同作用，增加了原始茎的长度，制造出所有的叶子和新的侧向花芽。侧向花芽通常出现在每个新叶的基部。这种新的花芽耐心地等待中央茎变老，最终等到自己发芽的机会，形成有叶覆盖的侧枝。

原套—原体一生大部分活跃期是用来给茎增加叶和长度，直到收到信号才改变生产模式。当信号到达时，苗中的细胞将收缩变窄、拉长，致使叶和侧向花芽无法形成。这时，就到了分生组织原始细胞制造花朵的时刻了，它的工作包括制造花、花轴和那些起保护作用的扁平状包裹结构（苞片），苞片多数出现在花芽或花轴的基部。

　　从叶茎到花枝的这种转变通常是永久性的，但是存在两个发育极端。在每年当做垫草出售的许多植物当中，性和死亡是联结在一起的。在整个生长季节中，十字花科庭芥属（*Alyssum*）、菊科万寿菊属（*Tagetes*）、堇菜科角堇（*Viola cornuta*）、菊科百日草（*Zinnia elegans*），随着苗逐渐成熟，会把茎上所有苗转变为花枝。它们进入生殖期后就不再制造长叶的茎了，尽管严寒不能杀死它们，但它们每年都会死于

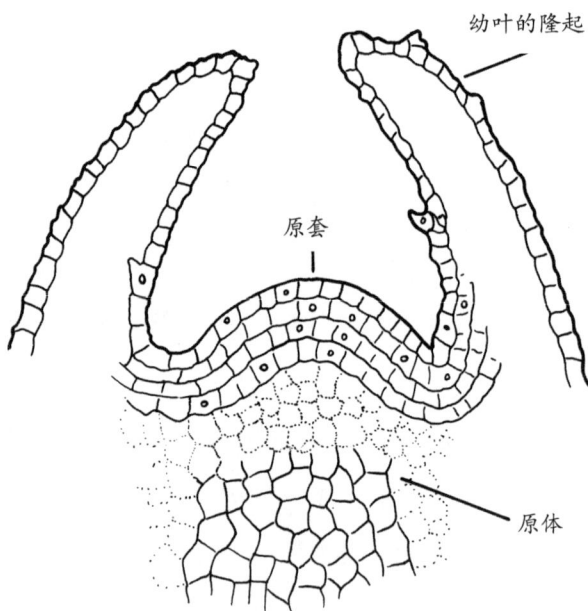

叶苗的横切面，展现了分生组织中原套细胞和原体细胞的安排。环境信号会引发分生组织拉长，开始制造花而不再制造叶。梅尔斯绘制。

衰老。因此百日草的生命循环在某种程度上很类似于多数昆虫或者大西洋鲑鱼。这就是为什么，如果要让你最喜爱的盆栽圆形管口苔（*Solenostemon rotundifolius*）永远活着，唯一的办法是，一发现花芽显现，就立即摘除。通过摘除花芽，你就可以触发茎上较下部位侧芽的活力，激发它们发芽，产生新的茎和叶。

澳大利亚某些桃金娘科（Myrtaceae）的成员，特别是花像瓶刷子的红千层属（*Callistemon*）和密香桃木属（*Kunzea*）灌木，处在谱系的另一个极端。在这些植物中，茎苗先把自己变成花茎，但是一旦花形成果实，开花的花茎就"再转变为"长叶的茎苗。没人确切地知道它们是如何做到这一点的。不过，由于这些常绿灌木通常一年开一次花，我们可以通过计算红千层枝头的硬果团簇数来确定其年龄，因为每一团簇代表了一年的繁殖结果。

多数多年生草本植物、灌木、乔木及木质藤本植物在开花这件事上宁可采取中间道路。次级枝和嫩枝开花、结果并死去，但初级茎和干则保持长生，从而延长了植物的寿命。许多野花能年复一年地生长，是因为它们将初级茎埋藏于地下，只把季节性的次级茎伸向空气中。初级茎形成滚圆的鳞茎、带尖角的球茎、膨大的块茎或者有关节的匍匐结构，即所谓的根状茎（rhizomes）。

是什么"信号"促使茎长出花来？虽然不同的植物生长速率极不相同，但我们已认识到，当许多不同物种的花一起开放时，我们本土的植被也正好经历生长高峰。这些年度奇迹如此可靠，以至于某些人出国旅行，只是为了四月去欣赏英格兰乡村的花朵，圣诞节到墨西哥赏花，或者九月到南非赏花。

在人们开始对植物进行严格的实验研究之前，对这种现象的超自然解释一直制约着人们的想象力。有些文化中承认诸多神灵或精灵的存在，把一年一度的开花秀归因于某种辅神（通常是女神）。古希腊人说，克劳瑞斯（Chloris）公主在她的凡间生命终结后变成了花之女神。罗马人敬奉山林水泽仙女弗劳拉（Flora，即通常的花神），她呼出花瓣并在她的脚印中留下花朵。由她而来的热闹的花神节始于 4 月 28 日，要持续 6 天，这期间欢庆的人们玩各种游戏，交换花环，并鼓动妓女当众脱掉衣服。中国的百花仙子则是一位严厉的官僚，她确保每种花只有在恰当的季节才能开放。日本家长会向他们的孩子讲述木花开耶姬（Konohana-sakuya Hime）的故事，这位公主能让树木开花。澳大利亚考利人（Koori）中的一个部落相信，花是来自强大的男巫师灵魂的一份礼物。万能的贝亚米神（Byamee）能接收蜜蜂的讯息，他让东风把雨水吹下山，软化坚硬的土地，让花朵开放，以便他的蜜蜂能够从花上采蜜。

在 20 世纪，科学家开始理解环境因素如何刺激植物开花。显然，植物并不像动物那样迅速地对外界光线调节作出反应。植物在制造花芽或者准备好开放之前，一般来说要求持续几周或数月的有节律、重复的周期作用。在这段期间内，植物的生理必须跟上外部调控的节拍，这种现象叫锁相（entrainment）。最终，花的发育变得与以 24 小时为周期重复出现的一个或者多个调控同步。锁相于同一个或同一些调控的植物，无论是什么物种，总能在同一季节达到盛花状态。

这些调控鼓励植物制造新的激素而抑制旧的激素（荷尔蒙）。在某些植物中，激素通过细胞在分生组织转移，当细胞连接起来时会形成新的维管。从 20 世纪 30 年代初开始，植物生理学家就已在设法分离出将叶苗转变为花枝的激素。他们称这种神秘的化学物质为开花素（anthesin），但我并不认为他们真能分离出这种东西。研究显示，不同植物的开花要求不同的激素组合。有的植物需要赤霉素，这是一类可以使细胞壁拉长的激素。而有的植物喜欢乙烯，它绝对是植物制造的化合物中分子式（$CH_2=CH_2$）最简短的一个。乙烯是一种轻量级的分子，它可以由一种植物释放出来，而被另一种植物吸收。比如，成熟的苹果会释放出乙烯。一种古老而有效的使观赏凤梨开花的窍门是，把一些苹果块放到凤梨植株上，用纸袋罩住它们一小段时间。

在北半球，对植物开花的大多数研究集中于光／暗周期调控。对这些周期作出直接响应的植物，可以分为两个宽泛的类别。当与折合临界日照长度（reduced critical day length）的周期同步时，短日照植物形成花芽。多数短日照植物在早春或秋季开花，通常每天要求少于 14 个小时的光照。菊科欧洲苍耳（*Xanthium strumarium*）、蔷薇科草莓属（*Fragaria*）、报春花属、裂叶牵牛（*Ipomoea hederacea*）的一个变型以及茄科烟草属（*Nicotiana*）的某些人工繁育品种，都是得到最仔细研究的短日照植物。

长日照植物要求的锁相周期则正好与短日照植物相反。它们开花时需要的临界日照时间比较长，通常在夏季开花。菊科莴苣属（*Lactuca*）、茄科马铃薯（*Solanum tuberosum*）的多数较老的繁育系、禾本科大麦（*Hordeum vulgare*）和藜科波菜（*Spinacia oleracea*）等，都是已得到充分研究的长日照植物。

光照调控可以解释北半球农业和园艺的一些奇特特征。比如，农作区夏季较短暂，生活在这里的人们，很少有人曾目睹过紫中带蓝的马铃薯花。这是因为现在驯化了的马铃薯的野生祖先生活在南美洲的安第斯高地，在那里以长日照为主。

这也可用来解释为什么温室喜欢用刷白的窗面来切断阳光。温室内种植的是热带植物，它们接受固定周期的灯光照射，以便刚好能在冬季出售时开花。大戟科颇受欢迎的一品红（*Euphorbia pulcherrima*）实际上是短日照植物，但它在 11 月寒冷的日子里无法长时间在户外生存。它要求获得其父母辈在墨西哥享受的同样的临界日照长度，于是盆栽植物必须被放置在人造日照周期环境中，以便在圣诞节时开花。

绿叶"测定"光日周期。这一点不难猜到，因为正是绿叶捕捉光能以制造糖分。在 20 世纪 30 年代，人们对不起眼的苍耳进行了一系列实验室检测。苍耳很皮实，即使把它的叶都摘掉，它还能继续存活。不过，如果在短日照的临界周期内把它的叶摘除，它就不能开花。科学家摘掉苍耳的一部分叶片，并认识到只需要保留茎上八分之一的成熟叶片来接受光调控，就能触发开花过程。

叶片对光照周期的响应似乎是非常局部化的。景天科的长寿花（*Kalanchoe blossfeldiana*）是来自马达加斯加的一种多肉质植物，作为一种室内植物很受欢迎，因为它在冬天可以开出淡红色的花。你可以取一盆植物，用不同的光照盒把不同的枝封闭起来，使它的叶片分别处于不同的光照周期之中。只有在接受短日照周期作用的叶片附近，枝头才会发育出花芽。而叶片暴露于长日照周期中的枝上不会形成花。

许多植物要求有两个锁相周期，并且这通常意味着在不同的时间段要接受两个不同的外部调控。第一个调控信号诱导花芽的发育，而第二个调控信号鼓励花芽长大并开放。北半球的许多乔木和灌木对光周期作出反应，在夏末或秋天产生花芽。秋天一旦树叶凋零，就很容易看到木樨科丁香属（*Syringa*）、蔷薇科木瓜属（*Chaenomeles*）的花芽和亚洲木兰枝头的冬芽，但它们不会开花，直到来年春天仍保持芽苞状态。花芽产生后，这些植物需要一个低温周期的锁相。经过数月的寒冷天气，当天气变暖和时，花芽才开始长大并最终开放。

当植物生长时的外部条件超出了其自然界限时，双周期也面临着一些问题。在美国圣路易斯地区，水果的收成很容易被温暖季节毁掉，而不是被寒冷的天气毁掉。花芽在早春三月逐渐变暖的日子里开始长大，但是如果寒潮在四月份突然返回，开放的花朵就会被残杀。电影迷们可能记得意大利优美的影片《吾父，吾主》（*Padre Padrone*）中的萨丁尼亚农民，他们过上好日子的希望被一个暖冬给摧毁了。一场寒流到来，天气冷得甚至让罐中的山羊奶结了冰，早开的花朵被冻死，他们失去了一年的油橄榄收成。

对某些植物而言，温度调控是刺激开花所需的全部因素。这有助于解释鳞茎和块茎如何为开花做好准备，因为在一年的多数时间里这些地下茎缺少生存在空气中的叶片。石蒜科水仙属（*Narcissus*）、百合科郁金香属（*Tulipa*）、百合科风信子属（*Hyacinthus*）、鸢尾科长鳞茎的网脉鸢尾（*Iris reticulata*）脱胎于原来生长在真正的地中海地区的野生植物。这些地区拥有炎热、干旱的夏季和凉爽、湿润的冬季。花匠每年秋天购买的商业鳞茎，已经接受了它们的第一次炎热调控。在某些情况下，当春叶枯萎，鳞茎被挖出来后，需要在华氏80—85度的黑暗、干燥的库房中贮藏一周甚至更长的时间。这就是模拟在地中海阳光下泥沙烘烤的自然条件所需做的。把一颗被加热处理过的鳞茎纵向切成两半，你会发现镶嵌在里面的胚胎状的花芽。

秋季把鳞茎植入花园温度适宜的潮湿土壤中，不久其基部就长出根来。尽管百合科葡萄风信子属（*Muscari*）和报春花科仙客来属（*Cyclamen*）某些植物的地下鳞茎在秋末会伸出健壮的叶片，但鳞茎花只有在经历一次寒冷的外部调控后才会出现。园丁必须记住，北方的冬天十分厉害，引进的地中海鳞茎，在通常的冷锁相期结束之后，开花时间通常延迟数周或数月。事实上，多数园艺鳞茎和块茎都是从野生祖先繁育而来的，如果把它们埋在泥土里的时间少于 12 周，它们开花的状况会最佳。在地中海地区度冬假时，你会看到某些本土物种在春季之前就已经开花。比如在以色列，鸢尾科某些番红花属（*Crocus*）植物、茄科药用茄参（*Mandragora officinarum*）和毛茛科冠状银莲花（*Anemone coronaria*）在隆冬或者冬末开花。美国南加州的本土植物也是在地中海式气候中进化的。加州野花指南中提到，百合科蝶花百合属（*Calochortus*）、紫灯花科（或葱科，或百合科）蛇百合属（*Dichelostemma*）和百合科贝母属（*Fritillaria*）的某些植物早在二月就已经开花了。

栖居于热带的绝大多数植物怎么样呢？由于地球绕着一根倾斜的轴旋转，当我们趋近于赤道时，理论上白天的长度和温度作为开花的调控因素变得不那么重要了。实际上也确实如此。赤道沙漠、热带大草原和季雨林中的植物，开始把水视为一个调控因素。它们的锁相反映了一年当中地表很薄的一层土壤含水量的变化。

有些树木要等到干旱季节开始或者结束之时才开花，听起来这似乎是一种矛盾。人们认为温热的大雨会加速真菌感染，还可能使花患上其他疾病，与此同时大雨也抑制了飞虫、鸟和蝙蝠等传粉者的行动。由于花是短命的，并且其花瓣和性器官上缺少呼吸孔，所以正如人们所预料到的，它们不可能消耗掉树木所贮存的如此多的水分。所以，对于从墨西哥往南一直到巴拿马的低地海岸森林，旱季是一年中花朵最灿烂的时候。豆科（Fabaceae）、紫葳科（Bignoniaceae）、夹竹桃科（Apocynaceae）、梧桐科（Sterculiaceae）和木棉科（Bombacaceae）这些科的树木，以不同深度的黄色、乳白色、紫色和火红色装点着旱季乡村的景色。湿季和旱季周期也会与某些灌木及许多像凤梨和秋海棠这样的小型植物形成锁相。然而在西部非洲，多数兰花物种与人们预期的模式不同，它们竟然在湿季开花。

即使在赤道，也可以设想存在某些温度调控机制。山脉使许多热带植物生长在不同的海拔高度。海拔越高，一年中温度起伏就越大，而许多山区植物可以对最细微的夜晚低温调控作出响应。在这些植物中，兰花受到了最多的关注，因为花卉产业需要精确控制兰花的开花过程。有些兰花若缺少凉爽夜晚的周期调节，就会拒绝开花，兰科的兜兰属（*Paphiopedilum*）、蝴蝶兰属（*Phalaenopsis*）、石斛属（*Dendrobium*）和米尔顿兰属（堇色兰属）（*Miltonia*）只是这类兰花中的一小部分。

可以理解的是，通常很难预测低地赤道雨林中的树木何时开花。因为在这种环境中，光照、温度和降雨水平在正常年份当中并不发生显著变化。有些树木一旦达到一定的高度和胸径，几乎常年开花。对于玉蕊科（Lecythidaceae）和金壳果科（Chrysobalanaceae）的某些成员，这是常有的事情。这些树木的一个特征是，它们似乎能够有节奏地控制花芽的开放速度，每天只开放一小部分，来补充凋落或者成长为果子的部分。它们细水长流地开花，而不是一股脑开放，一次秀个够。

在我看来，所有花中最令人吃惊、最富戏剧性的开花秀，当属于与大火一同演化的植物。我们通常认为，火是植物的一个大敌。在多数环境中的确如此。然而，早先生长在地中海森林和灌木丛中的植物对这一法则来说通常是例外，因为灌木丛大火已经参与到它们再生和繁殖的长周期循环中。在人类开始改变南澳大利亚、南加州、南非和地中海盆地的植被之前，每隔若干年闪电就会引燃干燥的易燃物，形成大火。

在一场夏季大火之后，地中海的灌木丛的确会受到重创，但是多数植物可能仍然活着。一些灌木和乔木会从树桩上发出新芽，或者通过叫做"木质化块茎"的根状体，从"危机"中死而复生。大火的热量也可以"撬开"埋在几英寸土层或落叶层之下的种子的表皮，使其能够吸收雨水并开始萌发。鳞茎和块茎植物与过分荫蔽的灌丛进行着不平等的竞争，担当清道夫角色的大火把它们解放了。不出几个月，秋雨和冬雨会从燃烧过的木桩和草木灰中滤取出矿物质，把这些重要的营养物质奉还给土壤中依然存活的植物根系。来年春天，植物会长得更好，花也会开得更棒。通常还会出现一些稀有物种的身影——在这草木茂盛的群落中，它们可能已有几十年没机会开花了。特别是在澳大利亚，在一场灌丛大火后的春季，最好找机会请一天"病假"，到野外去找找不同寻常的百合、各式各样的茅膏菜属（Drosera）植物、兰花和菊科的稀有种。

对于多数澳大利亚人来说，大火可以最好地刺激开花，这种情形在刺叶树科刺叶树属（Xanthorrhoea）的 28 个种中有明确的体现。刺叶树在英文中称草树（grass tree），看起来好像穿着一身长条草片做成的草裙，但它其实是像芦笋（即石刁柏）一样的植物，有人认为它与盆栽的龙舌兰科虎尾兰属（Sansevieria）植物很相近。没有大火时，刺叶树的大部分物种当然也能开花，但从春末到秋天都只能零零散散地开。可是，在一场大火之后的春季，每一株成熟的刺叶树都脱掉了身上大部分"草裙"外套，树干上挂满了又硬又红的树脂凝块。被烧过的植物中央部位会长出一根粗壮、直立的主轴，外表很像巨型的芦笋嫩尖，上面披着长有黑色硬毛的苞片。在某些种上，花枝可以超过 6 英尺高，硬毛的长度有时会超过人的臂长。刺叶树也属于一碰到乙烯就急不可待地开花的一类植物，而植被燃烧时会释放大量乙烯。

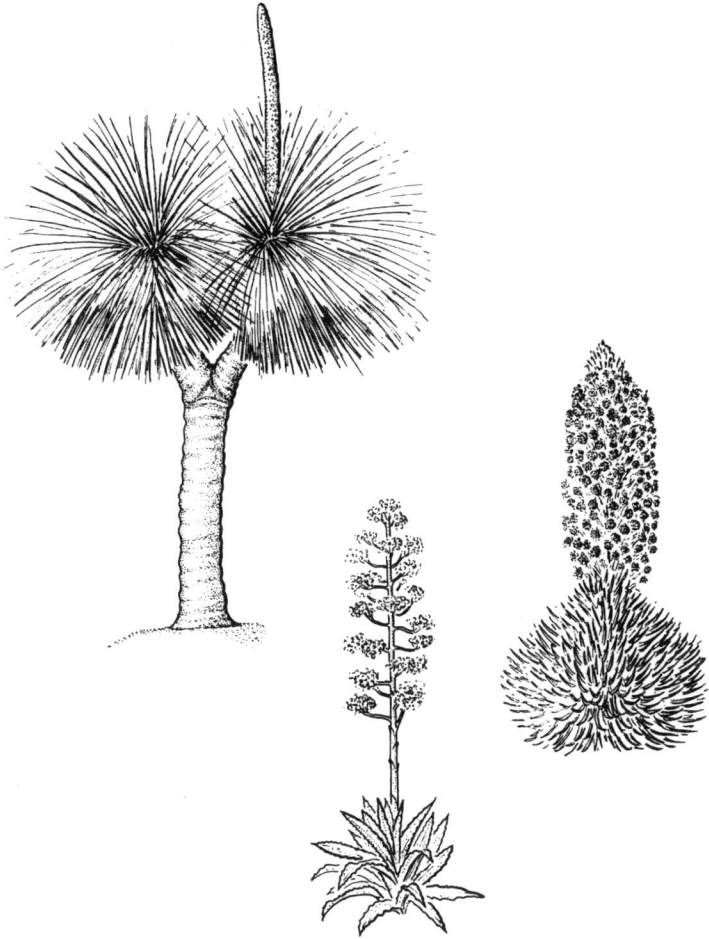

哪种巨大的植物在开花后还会存活？**左图**：澳大利亚的剌叶树属（*Xanth-orrhoea*）植物在灌丛大火后会开花，并且继续活着，一次又一次地开花。**中图**：墨西哥的龙舌兰属（*Agave*）植物开花后就会死掉。**右图**：夏威夷的剑叶菊属（*Argyroxiphium*）是一种大型的菊科黏草植物，开完花就死亡。梅尔斯绘制。

令人惊奇的是，刺叶树的花是数以千计的奶油色小星星，由主轴上伸出来，开在暗色的矛杆上，整体上呈螺旋状排列。每一矛杆开花数周，在上午九、十点钟的空气中散发出芳香，令人想起蜂蜜的味道和古旧的书香。刺叶树作为一种活物，让人们记住，植物在进行繁殖的时候，会变得多么非同寻常。

对花的组织、激素和锁相的科学实验研究，是否破坏了有关花的美妙神话？在我看来，古希腊人可能会对现代科学研究的成果感到欢欣鼓舞。花之女神克劳瑞斯的名字，指称着第一株绿苗，而且古老的神话说，她得到了宙斯的女儿"时序三女神"荷赖（the Horae）的帮助。荷赖控制着季节和一天当中的时辰变化。当发育中的分生组织对光照、水或温度的调节作出响应时，对大自然秩序的异教信仰，在每个药园中均得到了验证。

趁玫瑰花尚未凋谢，
让我们把它们摘下来戴在头上！

——《圣经后典·所罗门智训》，2∶8

第五章
何时凋零

即将凋零的花朵启发了自荷马以来的诗人们，他们把横尸疆场的武士的头颅比作被雨水打落的罂粟花。莎士比亚（William Shakespeare）、弥尔顿（John Milton）、布莱克（William Blake）、赫里克（Robert Herrick）、马莱伯（François de Malherbe）、多布森（Henry A. Dobson）、王尔德（Oscar Wilde）、米莱（Edna St. Vincent Millay）等只不过是一小部分哀悼过玫瑰之凋零的西方作者。一朵花从花枝上掉落，可以隐喻一个孩子的夭折，也可以暗示爱情、勇气和欢愉的丧失。

在东方，日本人有着久远的"花见"（hanami）——赏花——的历史。一伙人在黎明前就聚在一起观赏夏日莲花（Nelumbo nucifera）花瓣的绽放，或者冒着冬日的寒冷去恭候梅树（*Prunus mume*）①的花开。日本人认为，每个季节都有值得敬拜的花，但他们觉得樱花或者吉野樱（*Prunus* × *yedoensis*）②最值得关注和赞美。电视台会播出这样的画面：四月的下午，许多公司提早关门，工人、职员和经理们全部聚在樱花树下，一边喝啤酒，一边唱着传统歌曲。

日本人对樱花情有独钟，很大程度上是因为这种花稍纵即逝。它的花期颇短，很少有一树樱花能持续开放一周以上的。佛教和日本武士道哲学强调，樱花几小时的荣耀尽显生命的暂时性和不确定性，也令其弥足珍贵。与西方人不同的是，日本人以认同和自信的态度，观赏花瓣的飘落。

如果你想寻找、侍弄或研究任何活物，你必须首先熟悉它的生活节律。这也就是开花植物在物候学中如此重要的原因。物候学的英文词phenology来自希腊语*phaino*，意思是"显现"、"出现"。在不同物种的生命循环当中，临界事件发生时，物候学家就会记录下来。

欧洲科学家通常认为，现代物候学发端于怀特牧师（Gilbert White，1720—1793），他记录了英格兰塞耳彭地区动植物在各季节中的活动和变化。西方人称怀特为"物候学之父"，这反映了他们的另一个偏见。关于樱花的花期，日本人可以拿出比怀特早500多年的书面记录。这类信息对于贵族统治、皇室和一定的寺院制度都是十分重要的。

东西方虽说在落花的象征意义以及谁创建了物候学上存在争议，但多数植物学家可能认同一件事。确切地说，我们都观察到，多数花都注

---

① 按《中国植物志》，*Prunus* 的概念缩小了，只相当于李属。梅已经归于杏属（*Armeniaca*），学名写作 *Armeniaca mume*。
② 按《中国植物志》，樱花归于樱属（*Cerasus*）。

定只能生存很短暂的时间，但生命的这种短暂由来已久，可能第一朵花就是这样。借助第一章引入的"原始"花最容易说明这一点。物候学家注意到，绝大多数类木兰植物所开出的单个花朵的寿命是 2 到 12 天。虽说热带地区某些木兰类植物的确可以保持数月一直开花，但多数植物做到这一点的方法是，过几天就用新鲜的花苞替代已经凋零的花朵。

例如，睡莲科巨大的王莲（*Victoria amazonica*）虽然可以一直开花（至少在湖泊或者支流干涸前是如此），但具体每一朵花的寿命只有两天的时间。巨型的花苞在周五黄昏时开放，到周六下午就会变蔫并凋零。的确，许多原始种类的花朵受制于这样一种刻板的束缚，每一朵花都会在 24 到 36 小时内走完自己的生命之旅。

这一事实促使植物学家猜测，现代的开花植物是从一些已经灭绝的祖先那里演化而来的，那些祖先把开花的荣耀限制在很短暂的时间之内，通常不超过两周。可是，几百万年来，基因已经发生了改变，花的耐受性已变得更为多样、更为灵活。

如果比较一下不同科系植物花朵的寿命，你一定会得出结论：它们的命运可比我们最喜欢的诗人笔下最伤感的民歌丰富得多。鸭跖草科（Commelinaceae）、旋花科（Convolvulaceae）、雨久花科（Pontederiaceae）和时钟花科（Turneraceae）的一些成员开出的单朵花处于最短命的行列，它们很少能坚持到 12 个小时。相反，凤梨科（Bromeliaceae）、唇形科（Lamiaceae）和鸢尾科（Iridaceae）中有一些物种，其花几乎能持续 3 天。而萝藦科（Asclepiadaceae）、景天科（Crassulaceae）和五桠果科（Dilleniaceae）植物的花，可以开放一整周。

在连续谱的另一端，许多花的生命超过一周甚至两周。通常它们最可能属于杜鹃花科（Ericaceae）、桃金娘科（Myrtaceae）或虎耳草科（Saxifragaceae）的某些物种。兰科植物也必须放在这些长命组群当中，因为有些种堪称花中的不老星。多花斑被兰（*Grammatophyllum multiflorum*）保持着长寿的最高纪录，它是产于热带亚洲的一种兰花。在温室里，它的花苞开放时，能持续 9 个月之久!

开得最久的花，其器官趋向于身着最牢固的铠甲。所有花的外表都有一层蜡质的角质层，而热带兰花的角质层出奇地厚。这可以减少水分的蒸发，也可以帮助花朵抵御微生物的侵扰，在温热多雨的季节，微生物相当繁盛。兰花的维管（花筋）也趋向含有极多的纤维，甚至有"木质"化的倾向。没有这种多分枝的内部骨架，兰花中松软、多汁的组织就不可能支撑起兰花非同寻常的形状。不用奇怪，小说家钱德勒（Raymond Chandler，1888—1959）刻画的诸多形象中有一个人物憎恶兰花，因为兰花组织使那位老人想到人肉滑腻的感觉。

如果不对植物自然产地做研究的话，不同花朵寿命的变化似乎变幻莫测，而且显得老天不够公平。花朵的长寿很大程度上取决于植物应对环境条件所投入的资源多少。在干旱地区景天科和仙人掌科（Cactaceae）的植物最为普遍，但景天科植物的花可以持续 9 天，而仙人掌的花只能坚持 3 天。景天科植物的花所包含的器官数目很少有超过 25 个的，这些器官需要通过肉质组织供给水分，它们外披一层厚厚的蜡质外套。比较而言，仙人掌的花包含数百个零部件，而且没有足够多的肉质组织、多纤维的维管或者厚实的角质层来使得器官足够强壮、硬挺。

更进一步的考察会发现，花的寿命通常与其繁育体系和传粉机制有关。自我传粉的植物不需要等待花粉从其他植物那边过来。属于近亲繁殖的花朵，用几小时就可以完成自花传粉，通常花在日落前许久就已经枯萎了。另一方面，多数热带兰花需要交叉传粉。正如你在后面的章节中会看到的，这类花通常要依靠欺骗来传粉。因此，有些兰花的花期达数周，它们在等待合适的昆虫到来。这些昆虫"极易受骗上当"，会落入兰花设下的圈套。

借助种类广泛的动物来传粉的花，也不需要开放很长时间，因为环境中不缺乏各种小动物，它们自愿担当花粉的运输者，当然也得到了美味的回报。仙人掌科巨人柱（*Carnegiea gigantea*）的白花只能存活一天一夜，但它在 24 小时内，会得到许多不同动物，比如蜜蜂、蝇、黄蜂、蛾子、蝙蝠和蜂鸟的造访。

相反，有些花主要靠少数较强壮的动物以锋利口器啃咬、嘴啄来传粉，这样的花就需要额外的保护，所以要比周边其他物种的花更结实些。南澳大利亚的桃金娘科桉属植物杯果桉（*Eucalyptus cosmophylla*）和白藓叶桉（*E. leucoxylon*）这两种树，主要通过本地的歌鸟来传粉。这种鸟有的比美洲旅鸫个头还大，而且拥有锋利、可以刺探的喙。杯果桉和白藓叶桉的花能保持三到四周，而由较小的蜜蜂和飞蛾传粉的桉属植物的花在 12 天内就会死掉。

单个花的寿命与整株植物保持开花的时间长度，可以根本不同。这都取决于植物与花苞开放如何同步。花枝上花苞开放的次序是可以准确预测的。花苞沿少数几根线性的茎干组织起来，通常从下到上依次开放。因为茎干上最下部的花苞是最先由分生组织制造出来的，自然要比上面的花苞先开一步。那么，对于花苞排列在胖球或者扁平头上的植物来说，又是按什么次序开放呢？菊科向日葵属（*Helianthus*）或蓟属（*Cirsium*）的花头实际上是一种扩展的枝，在它上面成千朵单个的小花规则地排列在宽阔的绿盘子表面。在这些植物上，分生组织首先制造出盘子外圈的花苞。所以长在盘子周边的花苞会首先开放，然后依次向内，连续旋转开放，直至盘心。

这就意味着，一株植物的花期长度最终取决于花苞从下到上、从外到内依次开放的速度。有些植物可能会对这种自然进程施加限制，使年幼的花苞暂停发育，直到老的花凋零、掉落。以这种缓慢的串行的吐故纳新方式开花的植物，可以持续开花数周或数月。不过，有的植物枝上旧花依然盛开时，新的花苞就连续不断地绽开。在这种花枝上，花苞发育速度很快，并做到良好的同步，于是在很短的时间内几十朵花就会相继开放。这类植物的花期很少会超过一周。

根据密苏里植物园园长吉恩垂（Alwyn H. Gentry，1945—1993）的推理和观察，多数植物的开花模式都会落入有较宽重叠区的两个类型之一。日本樱花是"大爆炸战略家"（big bang strategist）①，它开花时间十分短暂，但成千上万朵樱花中每一朵都可提供微量的花粉和花蜜。樱花树吸引了多种不同的"机会主义"昆虫，这些昆虫寿命较短，关注的范围也不大，但它们会成群结队扑向花团锦簇的樱花树，寻求短暂的回报。

对于第二种类型，突出的例子是长着炮弹果的紫葳科十字架树（Crescentia alata），在从墨西哥到哥斯达黎加的低地森林中，它一年中大部分时间里都在开花。它是"稳恒态战略家"（steady state strategist），它的老枝和树干上都会产生许多花苞，但是这些花苞寿命都很短，而且每晚只开放少许。较大的深紫色花朵会吸引种类不多的蝙蝠前来吸食花蜜。这些蝙蝠每晚造访同一片小树林，它们会从树上较大的一些鲜嫩

---

① 其中 big bang 与下文的 steady state 都是很流行的宇宙学术语，作者借用过来描述植物的开花模式。

但数量并不多的花朵上采集花蜜。这种"稳恒态"植物更倾向于锁定食性比较专一化、体格强壮并且寿命较长的动物，这些动物有很好的记忆力，并有到处流浪的习惯。这些动物每天造访同一株植物，因为树上的旧花已换成了新花。动物情愿每天奔波很远的距离以获取有限但可持续的回报，它就像毛皮猎人一样，要定期检查自己设下的陷阱，看看是否逮到了猎物。在热带，"陷阱"式传粉者对于交叉传粉特别有用。在同一块森林中往往有成千上万种不同的植物，但每英亩土地上同种植物的数量并不多。这就解释了第四章中提到的现象：某些雨林树木产生的花朵细水长流，每天开放一些。这些物种通常由固定的鸟、哺乳动物甚至长寿的蛾子来传粉，它们是一些忠实的粮秣征收员，只给特定的树木授粉。

单个花朵也可以设法延长寿命，并且也可以采取交叉传粉的模式。比如，花朵上不同的器官通常也有不同的寿命。雄蕊和心皮尖（柱头）虽然被打包放置于同一朵花中，但它们的寿命可以不同。第一天，茄科药用茄参（*Mandragora officinarum*）的花苞打开，黏稠的柱头等待接收花粉，但5个雄蕊依然关闭着，"拒绝"释放其花粉粒。在花朵生命期的第二天，心皮的脖子开始扭转，直到心皮上干瘪的柱头无精打采地堆在那里。此时，雌性器官已不再能够接受新鲜的花粉，雄蕊却开始伸展、开放，并释放其花粉粒。这意味着，无论蜜蜂如何缓慢或邋遢，也永远不可能令茄参花的花粉给同一朵花的心皮授粉。一朵花中雌性器官在雄性器官之前成熟并枯萎，植物学家称这种开花模式为雌蕊先熟（protogynous）。这是一个希腊词，意思是"雌性首先成熟"。

雄性器官先于雌性器官发育的情况同样也有利于交叉传粉。当百合科纳塔尔棋盘花（*Zigadenus nuttallii*）的花苞开放时，6个花药准备用

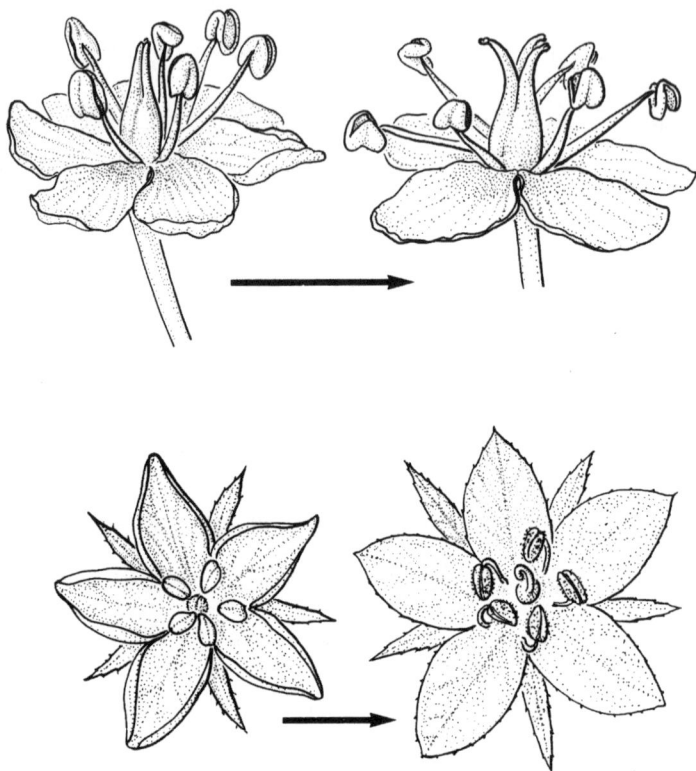

上图：第一天，百合科纳塔尔棋盘花（*Zigadenus nuttallii*）开放，花药释放花粉，但是3个花柱相连、挤在一起。一天或更久以后，花药枯萎，而花柱顶端向外弯曲，准备接收到来的花粉。下图：第一天，花瓣打开，茄参属（*Mandragora*）植物的柱头准备接收花粉，但是躺在花柱颈上的花药还闭合着。第二天，柱头枯萎并且已经倒在了一边，但花药成熟，开始释放花粉。梅尔斯绘制。

新鲜的花粉涂抹到来的传粉者，但是 3 个心皮尖还不能接收花粉。这 3 个心皮尖端牢牢捆在一起，柱头的表面还关闭着。再过几天，花药干瘪并折断，留在花里面的所有剩余花粉粒都已是死掉或即将死掉的精子。这时候，心皮顶端打开，向外散开，并分泌出化学物质，用来加工由刚刚造访过其他花朵的小蜜蜂和大飞蛾带来的花粉。植物学家把纳塔尔棋盘花描述为雄蕊先熟的（protandrous）植物，这个词的意思是，雄性器官在雌性器官准备好之前就"成熟"并释放花粉。

这意味着同一株两性花（完全花）的开花过程，仅仅通过错开雄蕊和心皮行使职责的时间就可以分出雄性阶段和雌性阶段。雄性阶段与雌性阶段彼此相隔，并且可以持续不同长度的时间。要记住，制造和维护果和种子，要花费更多资源，因此一些长寿植物要比从潜在的配偶那里获得花粉花费更多的时间来培育种子。比如豆科金合欢属（Acacia）植物的花朵是雌蕊先熟，但雌性阶段持续的时间只占整朵花寿命的五分之一。在某些金合欢植物中，只有 500 分之一的花朵最后能形成包含种子的荚果。当它开始授粉时，你会看到它更热衷于给予而不是获取。

即使在同一花枝上长有雄花和雌花的植物，也会推动交叉授粉的实现，办法是错开花朵各自开放的时间。在天南星科（Araceae）的多数成员当中，雄花和雌花在同一株新鲜的花轴上占据不同的位置，这就降低了心皮从同花轴上的雄花接受花粉的可能性。

一朵花的生命或一根长满花的花轴的生命，有时会独立于预期的开花季节。当条件适宜时，有些杂草经常会在一个生长季节里产生好几代。每个园丁可能都有这样的经验：菊科药用蒲公英（Taraxacum officinale）的花苞既可以在寒冷的春末也可以在干旱的夏季存活，当气候变得温暖湿润时它们就会开放。菊科蒲公英属植物、十字花科的荠菜

（*Capsella bursa-pastoris*）和车前草科车前草属（*Plantago*）植物，只是未经允许就混进草坪和正规花坛的诸多植物中的一小部分物种。我们在秋季要清理的草块，通常是春季所忽略掉的植物的第三代子孙。

美国的许多沙漠野花一年开一次花，它们只有通过强大的季节性风暴的恩赐才能完成其生命周期。种子的每一个新世代都会处于休眠状态，直到干旱过去。在美国图森郊外，亚利桑那－索诺拉沙漠博物馆（Arizona-Sonora Desert Musem）地面上安装的滴灌设施，可以说明为何新一代的沙漠雏菊属植物、罂粟属植物、锦葵属植物开着花，而一条马路之隔的萨瓜罗国家公园（Saguaro National Park）的小径上却铺陈着死掉的、一碰就碎的干草。

环境的微妙变化可以导致更高大、木质化程度更深的植物出现飘忽不定的开花模式。吉恩垂博士在热带美洲搜寻物种时，发现某些紫葳科（Bignoniaceae）植物的开花时间无法预测。他称这些树木和木质藤本植物采取了"阵发式大爆炸"（intermittent big bangs）的模式，因为它们一年当中可以不止一次地短暂开花，而且看起来事先没有明显的征兆可寻。

随着自然分布的不同，某个单一物种的开花习性也可以有很大的不同。我们看一下澳大利亚五桠果科的攀援束蕊花（*Hibbertia scandens*）吧。它能开出扁平的金黄色花朵，很像大大的金币或英国畿尼。这似乎是气候温和的南澳大利亚春季森林一种友好的表示，背包客从仲春到季春都可以给那些花拍照。当同一种植物生长在沿热带北部海岸的风积沙丘上时，它会慷慨地开出更多"金币"！在南部这些藤本植物通常春季开花，但是当炎热、干旱的夏季转变为凉爽、湿润的秋季时，它们可以另外再开一次花。

　　类似地，欧洲的茄参在秋季开花。跨过地中海，在冬季到以色列旅游，你会看到这些神秘的草本植物可以在圣诞节期间和沉闷的仲冬里奉献有光泽的紫色花束。局部气候一定起着很大的作用，但是研究还很不充分，现在有许多问题无法回答。植物学家还不十分清楚开花季节的变化是否会影响个体花朵的寿命。

　　如果一年生杂草的"开花并死亡"策略与灌木或乔木相对缓慢却是"大体量的"（massive），生长结合起来，会有什么结果呢？这样就有了"多年生但只结一次果的植物"（monocarpic perennials）。这个读起很长的词组指这样的植物：它们能存活许多年（它们能够生长"多年"），但花和果在其一生中只有一次（它们是"只结一次果的"）。对于"多年生但只结一次果的植物"来说，青春期是致命的。植物用尽其所有细胞分化来生成花枝，为了生产果和种子，它们等于燃尽了多年来贮存的能源。性对于"多年生但只结一次果的植物"来说是一场代价极大的胜利。

　　伞形科、菊科、百合科和苏木科的某些成员就是"多年生但只结一次果的植物"。符合这种生命模式的最大的一些植物通常可在沙漠地区和热带找到。比如夏威夷巨大的剑叶菊属（Argyroxiphium）植物，实际上是巨大的菊科黏草植物，它只能生长在高海拔地区。其中的一个种生长在东君殿（Heleakala）火山口干旱的火山渣上。"多年生但只结一次果的植物"趋向于具有固定的开花时节，但对于给定的种群，每年当中只有一小部分植物会开花。比如，若想欣赏一些东君殿剑叶菊开花，你就必须在七月中旬来东君殿国家公园。

　　最有名的"多年生但只结一次果的植物"，可能要属西半球炎热干旱地区的龙舌兰科龙舌兰属（Agave）、诺林属（Nolina）、万年兰属

（Furcracea）植物。沙漠花园的这些宠儿通常被称作世纪植物，尽管多数种会在10—20年的时间内开花然后死掉。龙舌兰最受人们欢迎，因为一些墨西哥饮料，比如类似啤酒的普葵（pulque），以及烈性的精制酒特奇拉（tequila），就是用龙舌兰作出来的。制造普葵和特奇拉要用到龙舌兰属两个不同的种，并且采用不同的工艺，不过最终生产出的都是酒精饮料。要制作酒精饮品，必须在植物将要开花时采收。

当龙舌兰将要开花时，它们会把贮存在厚厚的茎叶中的所有养分都转化成液态的糖和维生素。这些营养本来是供细胞分化和培育年幼的种子的。特奇拉的制作方法是，在开花前把整棵龙舌兰树砍倒，对它进行烘烤，然后切成碎条，提取3—4夸脱甜树液。由这种液体经发酵再蒸馏就作出酒了。

下一次当你调制鸡尾酒特奇拉晨曦（tequila sunrise）、特奇拉潜水艇（submarino）、血公牛（bloody bull）、蒙雅罗卡（Monja loca）或格拉那达活力（granada punch）时，请想象一下，它们的主要成分来自一种巨大的植物，而且恰好是在这种植物将要第一次也是最后一次开花的当口。这种植物用于繁殖的能量已经被转变成酒精的化学能量。怀特牧师要是得知物候学被如此世俗化地运用，一定会非常震惊。不过，少许特奇拉或许能让日本人兴致勃勃地把盏于缤纷的落樱当中呢。

我激情四溢地喜爱玫瑰……当灰暗的光线沉闷地
揭开森林的黎明之时，我两眼闭合，朦胧地睡着。
她随后打开花苞，欢迎蜜蜂的光临，等待她情人
的嘴唇衔来可口的花粉。

——格兰德威尔（J. J. Grandville）《白乌鸦探究》，选自《来自动物
公共生活与私人生活的风景》

第六章
花粉、罪犯、政治与虔诚

　　花粉对于花行使其功能十分重要，在玫瑰花瓣绽开之前数周，花粉就开始在花苞中发育了。当人们用肉眼勉强可以看到一根直直的、发绿的点状花苞时，花就开始制造花粉了。

　　此过程始于花药囊的形成，花药囊可能包含一个到数千个大而饱满的花粉母细胞。在多数情况下，每个花粉母细胞通过两次分裂，形成一组四颗年轻的花粉粒。花粉母细胞的分裂阶段通常是非常精确可靠的，科学家可将其切割、压扁、染色，以便进行染色体研究。在分裂的最早期阶段，花粉染色体非常大，外形清晰，对其进行计数、测量以至检验是否有缺陷或者破损都很容易。

　　不同物种需要分裂不同的次数才能生成花粉粒。对于含羞草科

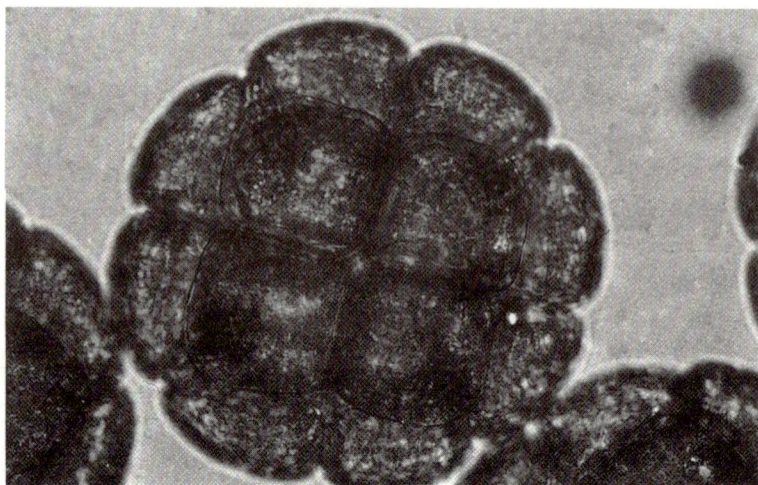

含羞草科的亚马逊白朱樱花（*Zapoteca amazonica*）的 12 个花粉粒联合在一起，形成了一个盘状单元。伯恩哈特（P. Bernhardt）摄影。

（Mimosaceae）的成员来说，这一点特别普遍，因为在同一个花药囊中，所有花粉粒在成熟时仍然保持彼此连通，像一组刚刚烤制的椭圆形小面包，彼此挤在一起。比如含羞草科带刺金合欢（*Acacia paradoxa*）花药囊中的每一个花粉母细胞，都要连续进行三次分裂，形成由 8 个花粉粒组成的复杂细胞群。含羞草科某些合欢属（*Albizia*）植物的花苞要进行 5 次分裂，一共形成 32 个花粉粒。

　　当细胞停止分裂时，每个花粉粒必须保护好自己。在多数情况下，年幼的花粉粒外面包被着一层保护壁，这种壁由螺线管构造而成，成分是植物纤维素。不过，用纤维素壁把自己包裹起来，这对花粉粒来说工程只完成了一半。花粉粒上最后的建筑是由花药囊上的一层组织来完成的，那就是绒毡层（tapetum）。

英文 Tapetum 这个词来自拉丁词 *tapete*，意思是"地毯"或"挂毯"。绒毡层是对这层组织的恰当称谓，它包裹在幼嫩花粉粒的表面，既为花粉粒提供营养，又提供外部保护。绒毡层最重要的产物是一种叫做孢子花粉素（sporopollenin）的天然塑料，生物化学家认为这种独特的物质类似于维生素 A。孢子花粉素是一种真正能自我复制的聚合物，有点像特氟隆（聚四氟乙烯），其坚韧性与任何工业塑料相比并不逊色。绒毡层把这种塑料贴到花粉粒的纤维素壁上，建造出一种比较坚硬的、精雕细琢一般的外壁。因此，每个花粉粒都像一个小房子，由两层不同但相互联通的墙壁组成，内壁（intine）由较轻的纸质纤维素构成，外壁（extine）由密实的坚硬塑料组成。

外壁的表面建造是以绒毡层附加给花粉粒的一系列塑料棒为基础的，这就像插在针垫上的一些装饰针一样。就单子叶植物而言，花粉粒上的小棒末端长有一些细而浑圆的脑袋，连在一起形成了扭动的脊。在显微镜下，单子叶植物的花粉粒很像一颗行星，表面覆盖有连绵的中国长城，或者像人类的大脑，表面有许多褶皱和沟回。

而就双子叶植物来说，花粉粒上的小棒变化很大。每个小棒末端通常具有一个宽大而扁平、很像钉头或大头针头的结构。有时，这些钉头未能彼此聚合，使得花粉粒表面很像布满陨击坑的月球表面。这些钉头可以进一步用钩状、尖状或凸凹不平的外壳加以装饰。这样的尖角结构被证明有助于使花粉粒粘贴到传粉者的毛皮和羽毛上。在菊科和锦葵科当中，花粉粒被武装得稀奇古怪，看起来很像中世纪的武器或刑具。

绒毡层在干枯、死亡之前，还有最后一件礼物献给花粉粒：它会释放小油滴，充填在坑洼处并附着于外表的脊上。沾有油滴的花粉粒，似乎是第一批开花植物的发明。多数原始花朵的花粉仍然存留着油迹，但

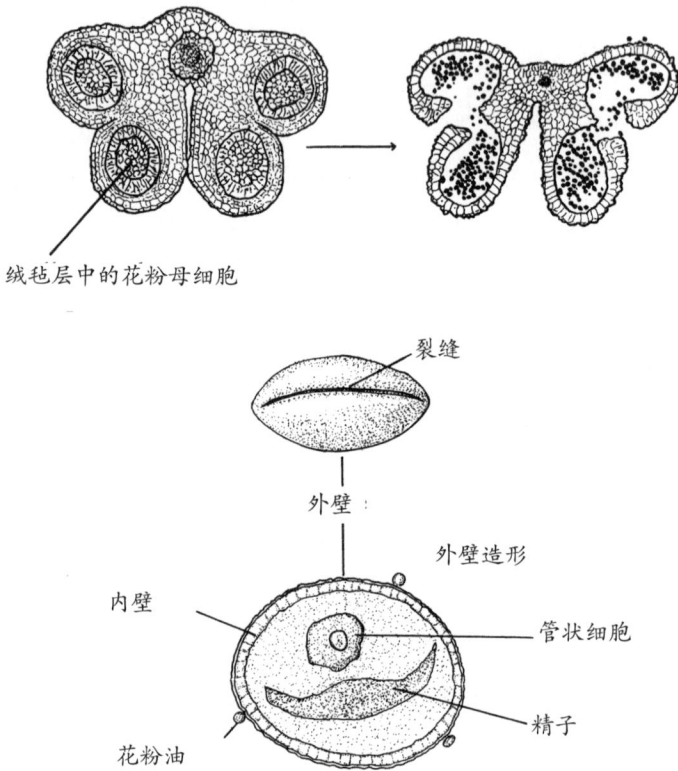

绒毡层中的花粉母细胞

裂缝

外壁

外壁造形

内壁

管状细胞

精子

花粉油

上图：多数花药包含 4 个花药囊，其中花粉母细胞由绒毡层组织提供养料。当花粉囊裂缝打开并释放花粉粒时，绒毡层会被全部耗尽。**下图**：典型的百合型花粉粒有一层起皱的外壁，从一端到另一端有一条裂缝。花粉粒内部有一个精细胞和一个管状细胞。梅尔斯绘制。

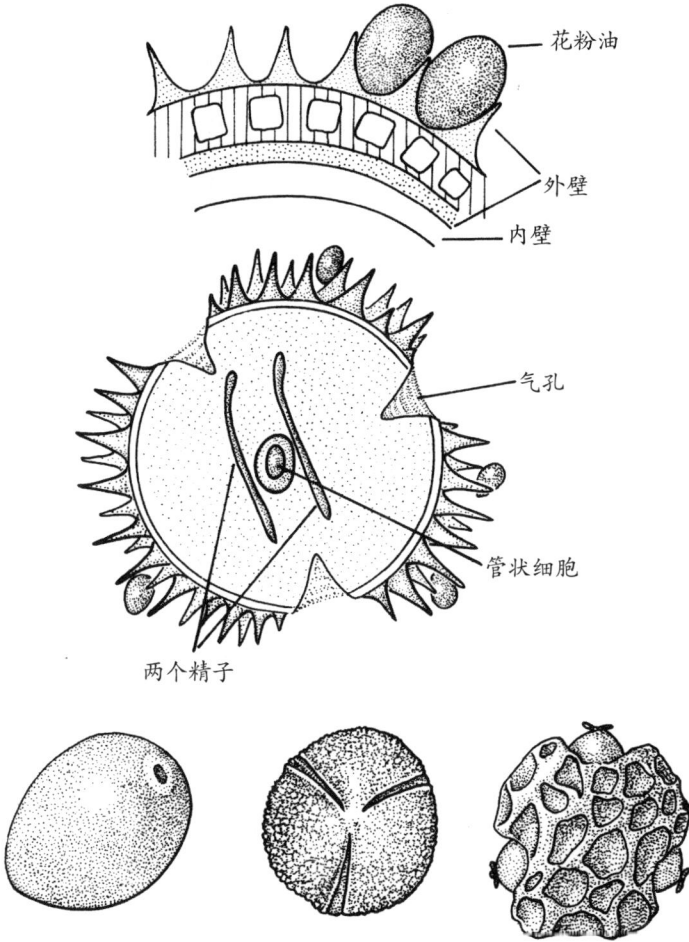

上图：雏菊花粉粒壁的横切面。**中图**：雏菊花粉粒的外部和内部，图中可见气孔和比较大的精细胞。**下图**：各种各样的花粉粒。从左到右依次是禾本科羊茅草属（*Festuca*）、壳斗科水青冈属（*Fagus*）、菊科巴氏菊属（*Barnedesia*）植物的花粉粒。

是裸子植物并不是这样，松、云杉、苏铁等树木的"球花"（cone）[①] 小粒上并没有油迹。

许多开花植物的花粉油中包含色素。你可能会以为能看到各种不同程度的黄色、橙色、棕色，其实通常并不是这些颜色。蜜蜂花了一个早晨的时间造访犬蔷薇，用它的后腿携带了一些发绿的花粉粒。百合科绵枣属（*Scilla*）植物和木犀草科木犀草（*Reseda odorata*）的花粉粒是蓝色的。旋花科田旋花（*Convolvulus arvensis*）的花粉粒是黑色的，而茄科烟草属（*Nicotiana*）植物的花粉粒是棕褐色的。形成对比的是，裸子植物松和云杉的无油"球花"小粒缺少色素，用肉眼看起来是白色的。

有些花商在出售百合花之前，要掐掉其花药。现在你也许知道"阉割"百合的真正原因了。花上有色的油性花粉可能会弄脏洁白的礼服、婚纱或者餐桌上的台布。

许多植物学家认为，花粉有颜色对于成功繁殖是很重要的。这种视觉线索会吸引一些传粉动物，更为重要的是，色彩在一定程度上可以阻挡阳光，滤掉紫外线——紫外线有可能导致每颗花粉粒中的精子不育。油滴还有其他职能。有些含有芳香化合物，使得花粉粒具有与众不同的香味，可以吸引蜜蜂。还有人认为，油滴作为"油布雨衣"能起到防水的作用，因为水汽和雨滴会弄湿花粉粒，使之受到永久性伤害。最重要的是，这些油分子又稠又黏，不容易消化。当用扫描电子显微镜检查死掉的传粉者时，很容易看到这种油基的"胶水"已经将花粉粒胶结在鸟光滑的嘴巴和甲虫的外壳、甚至蛾子或蝴蝶的鳞翅上。考虑到传粉者翅膀的震动会搅起一定强度的微风，以及动物由一朵花转移到另一朵花时

① 在植物学意义上，裸子植物的球花（cone）不是通常的花（flower）。在易混淆的时候，可强调 flower 指的是"真花"。

通常会遇到逆风这一事实，绒毡层强力胶水的作用对于花粉的传输必定是一个重要因素。

花粉粒离开花药时会失去水分，因为花粉粒必须减轻重量，才能在微风中自由飘荡或者吸附到动物身体上。当"干燥"的花粉落到心皮的柱头上时，它必须先吸收水分并萌发出一根花粉管才能释放其中的精子。花粉粒被两层复杂的保护壁包围着，流体如何进出呢？

幸运的是，多数花粉粒都配备了一定数量的裂缝、气孔或两者都有，这样就可以把内部的活体细胞质与外部空气联通起来。裂缝或气孔可以帮助花粉粒排出不想要的液体，允许它从柱头那里吸收水分，并且提供一个逃逸舱通向萌发的花粉管。花粉气孔通常用乳头状的边、半透明的"头盔"或束紧的"项圈"进行了优美的加固。

正如单子叶植物与双子叶植物的花粉粒表面模式有所不同，在两类植物中上述奇形怪状的裂缝或气孔数目也不相同。通常，在单子叶植物中，只能找到一个气孔或一个裂缝。裂缝可以从一极延伸到另一极，因此单子叶植物的花粉粒很像泄了气的橄榄球或者起皱的大面包条。

双子叶植物花粉粒的外形变化很大，在花粉粒表面可以找到一个到多个开口，开口数目取决于植物的种类。比如，犬蔷薇的花粉形成一个球，上面长着三条短而等长的裂缝。桉树属植物的三角形花粉粒上有三个气孔。唇形科植物许多成员的花粉粒长得像马车的轮子，上面长着6条辐条状的裂缝。澳大利亚的山龙眼科班克斯属（*Banksia*）植物的花粉粒像豆子或肾，上面有两个气孔。热带苋科钩牛膝属（*Pupalia*）植物的球形花粉粒上，有十多个气孔，每个气孔都有围沿并被一个六角星包围着。

花粉粒的大小差别非常大。紫草科勿忘我属（*Myosotis*）和紫草属

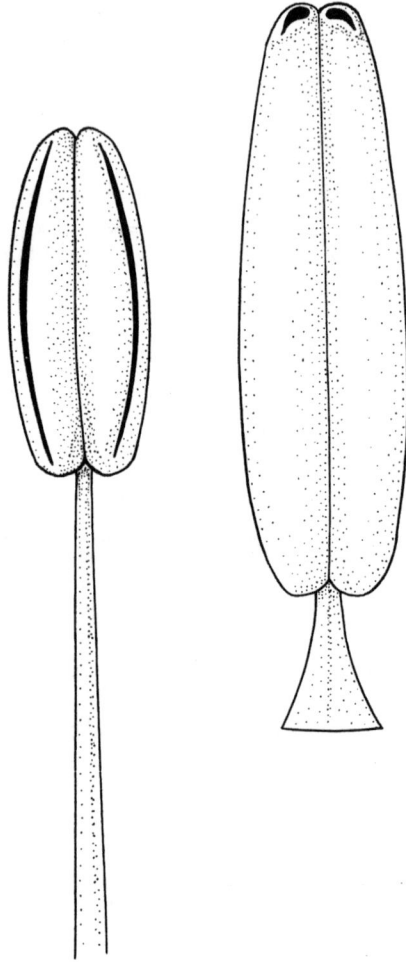

左图：花粉由花药的裂缝释放出来，这种外形较短的花药通常附着在一根较长的花丝上。**右图**：作为对照，花粉由花药尖端的小孔释放出来，这种花药的外形较长且肥大，它通常长在一根较短的花丝上。

（*Lithospermum*）植物的花粉粒是植物界最小的花粉粒，直径只有 5 微米，仅仅比棒状细菌略大些。作为对比，锦葵科木槿属（*Hibiscus*）植物以及同科其他成员的花粉粒长度可达 200 微米。在强光下，用肉眼就可以看到锦葵属植物的单个花粉粒。

对于多数花来说，当花药囊打开时，每一个 4 粒组合花粉团都会分裂成 4 个单独的花粉粒。不过，这一规则也有一些例外。亚麻科亚麻属（*Linum*）、杜鹃花科杜鹃花属（*Rhododendron*）、茅膏菜科茅膏菜属（*Drosera*）、澳石南科澳石南属（*Epacris*）、林仙科林仙（*Drimys*）和林仙科合蕊林仙属（*Zygogynum*）植物的花，会使其花粉保持 4 粒组合不散开，4 个为一包成包释放。含羞草科的成员更进一步，会把花粉粒组成 4 个一组、8 个一组、12 个一组、16 个一组，等等。

多数马利筋属植物和兰花把花粉囊中所有的花粉粒都联接到了一起。每个花粉团或称花粉块（pollinium）由几千到几百万颗花粉粒构成，结构非常大，不用任何放大就可以看见。花粉块的形状依物种的不同而有别，通常有药丸、薄脆饼和烤羊腿状。花粉块个头太大，而且很重，花朵必须为此长出专门的构造通过黏、插、贴的方式将花粉块附着到传粉者身上。这就意味着，对某些兰花而言，花朵的子房中所有成熟的、有繁殖能力的种子，都拥有一个共同的父亲，因为它们都是由同一个花粉块中的精子受精的。

花粉的保护性花药囊的内部会怎样呢？它会暴露于空气中吗？我可以用一个家庭轶事来解释这个概念。几年前，我父亲做了冠状动脉搭桥手术。几天后，他咳嗽得厉害，胸腔中的缝合部位被振裂了。外科医生称胸腔的这种裂开为"胸部术后开裂"。类似地，植物学家称花药的裂开为"雄蕊熟后开裂"。当花药中的组织层自然干燥时，内部压力会引起花粉囊沿着事先设计好的最薄弱处或者缝合线处开裂。对郁金香和玉兰来说，这种干燥过程十分猛烈，以致整个雄蕊翻卷，把花粉从囊中抖落出来。另外一些花的花粉囊从下至上干燥，花粉就会像凝胶、乳脂或牙膏一样，从囊中通过卷缩的小管被挤出来。

兰科龙须兰属（*Catasetum*）植物某些种的花粉块处在很强的压力之下，当合蕊柱敏感的顶端被蜜蜂触及时，花粉块简直是从花药囊中"喷射"出来的。用你的小手指去试探这些花的合蕊柱，你会感受到花粉块使劲地击打在手指上。

在多数情况下，花粉的释放采取了更精致的过程：花药缝合线通过弹簧锁的机制裂开。此机制类似于老式手袋上常见的搭扣。花粉粒挤在较浅的花粉囊中，就像硬币塞满了钱包。花粉囊打开后，昆虫会把花粉粒用口器吸出来或者用带钩的腿扒出来；微风也可以把花粉粒吹出带走。不过，对某些花来说，如果外部环境太潮湿或者太寒冷，缝合线会再次闭合或者拒绝张开。在恶劣的天气，这一招能防止花粉精子被完全浪费。如果花粉被保存在凉爽、干燥的条件下，并有花粉囊这样的小环境来保护，其中的精子会长时间保有活性。低温实验已经可以使百合花粉粒在十多年中一直保有活性。用于贮存人和牛的精子的昂贵的医学技术，对于保存花粉也有效。不过，也许用不着这样破费，我把桑寄生科槲寄生的花粉保存了 4 个月还有活性，办法只是把它装进一个清洁、干燥的小玻璃瓶贮存在厨房的冰箱里。

潮湿气候只是百合科山菅属（*Dianella*）、报春花科十二花属（*Dodecatheon*）、杜鹃花科越橘属（*Vaccinium*）、茄科茄属（*Solanum*）、苏木科决明属（*Cassia*）植物的花拒绝将花粉暴露在空气中的一种理由。它们管状的花药长得肥大，可以把花粉粒保存在又深又干燥的内部小室中。当花药"成熟"时，它会打开顶尖上的两个小孔。花药受到剧烈振动时，花粉就会跑出来。花粉粒从花粉囊小孔中出来，就像胡椒粉从胡椒瓶中洒出来一样。这种过程可由一只蜜蜂或者一只蜂蚜蝇完成，它会用其腿夹住花药，靠胸部飞行肌的振动把花粉粒从花药囊小孔中抖出来。作为观察者，我们经常能听到昆虫肌肉产生的有节奏的嗡嗡声，并看到花药喷射出一股一股呈烟雾状的花粉。行动之所以能奏效，全在于振动的节拍掌握得非常合适。我曾对茄科的马铃薯和辣椒进行实验，用一根振动的 C 调音叉接近花药，就能让它们释放花粉。

尽管花粉精子通常是短命的，但是如果能逃过细菌的攻击，花粉壁能够长久保存下来。花粉壁能忍受极端温度、来自泥土层的缓慢而连续的压力以及多种酸的侵蚀。1948 年，俄罗斯的一支北极探险队在泰梅尔半岛发现了一具冰冻的猛犸。尽管这头野兽 3 万年前就已经死去了，但科学家仍能确定它在掉进冰隙之前吃过什么东西。胃中的花粉显示，这只猛犸死于某个早春，刚吃过禾本科梯牧草属（*Phleum*）植物，也吃过正在开花的桦木科桦木属（*Betula*）植物和杨柳科柳属（*Salix*）植物。

当然，花粉粒在某些土壤和沉积岩层中最常见的是以"微化石"形式存在，一些可以辨识的形式可以追溯到恐龙的时代。由于花粉外壁独特的解剖学特征是由植物基因决定的，因此你可以把多数花粉识别到"科"的层次（通常可以达到"属"的层次）。前提是你要学会一套适当的术语，还要学会清洗、切割和观察这些花粉粒。

早在 19 世纪，人们就开始认真尝试绘制花粉图，并对花粉进行分类了。重要的进展出现在第一次世界大战前后，斯堪的纳维亚的植物学家发现，化石花粉可以保存在泥炭沼泽酸性的水中。这些早期的科学家如果看到他们的研究如何使我们今日的人们受益，也许会大吃一惊。

　　例如，化石花粉能够帮助古生物学家了解某一地区植物在数千年间的变化过程。今天，一些矿业公司通过检查从钻孔岩芯中找到的化石花粉而获得重要信息。灭绝植物的花粉粒可以提供有关泥炭层、石油层和煤层深度和位置的线索。

　　花粉鉴别还能帮助那些对花粉过敏以及患有其他呼吸失调疾病的人，不过我将把这个话题留到后面的章节中去详细讲述。现在，我的重点将是花粉分类中更有趣的方面。

　　尽管同一个蜂箱中蜂蜜和花粉贮存于分离的蜡质小室中，工蜂偶尔也会把一些花粉粒丢到盛蜜的蜂巢里。因此，商品蜂蜜纯度的检测办法是，对超市出售的罐装蜂蜜进行离心分离并鉴定其中的花粉粒。有时甚至有广告宣称，某种瓶装的"纯"三叶草蜂蜜不含有来自蒲公英、苹果花粉的浓重沉淀。用显微镜检查用鸢尾科的一种被称作西班牙番红花（*Crocus sativus*）的植物花粉制造的昂贵香料，是为了确保这种精致的彩色粉状物中没有掺入便宜的替代品——例如菊科红花属（*Carthamus*）植物或菊科大翅蓟（*Onopordum acanthium*）的金色花粉和花药。你是否怀疑家里的坐垫或其他家具中填充的植物干品材料来源不对？检验一下附着于植物纤维上的花粉，有助于你确定那些植物的来源。

　　当发生户外谋杀、强奸或自杀事件时，花粉鉴别也可以进入刑侦实验室。嫌疑犯鞋子或衣服上的干泥点中混有的少数几种化石花粉，可以帮助确定他或她是否到访过最近某起犯罪事件的案发现场。死者身上的衣物所粘附的花粉样，也有可能帮助确定尸体是否被移动过。

　　在第四章中你已经得知，某些植物的开花过程符合"花历"。因为花粉是在开花时释放的，所以对于在野外或森林中发现的一具尸体，对花粉粒的鉴别有助于确定死亡日期。例如，如果在秋季的树林中发现一具正在腐烂的尸体，残存的衣服上沾有本地柳树或桦树的花粉，那么可以推断尸体至少于当年春天就已在那里了。

偶尔，花粉还能治一治官僚体制。也许你还记得 20 世纪 80 年代初美国国务院关于"黄雨"的一些报告。[①]

这些报告坚称，南亚的难民营正遭受到一种不明黄色化学物质的空中攻击。泰国和老挝境内岩石和树叶上沾染的 11 份物质样品被迅速送抵美国的实验室。

有趣的是，那些黄色的沾染物，似乎混合了一些很像花粉的颗粒。美国史密森研究院的花粉专家诺维克（Joan Nowicke）博士和哈佛的生物学家梅塞尔逊（Matthew Meselson）在 1984 年的《自然》杂志上发表了详细的分析报告。所谓的黄雨事实上是花粉的混合物，它们来自一些热带树木和野花，并且处在不同的分解阶段。

"噢，原来是这样！"国务院和五角大楼的一些人说，"共产党把花粉和毒药混合在一起，然后通过飞机播撒这种有毒物质。"可是，混合物中并不含有与农业有关的花粉。它们是来自热带亚洲森林的花粉。共产党似乎不大可能专门爬到树上，从五桠果科五桠果属（*Dillenia*）植物的黄花中收集花粉。

事实上，样品看起来有点像两种热带大蜜蜂的粪便。热带蜜蜂用一种独特办法用来降低炎热、繁忙的蜂窝内的温度。一天当中的某个时

---

① 关于这个有趣的案例，想进一步了解相关情况可参考羊国国务院的报告：A M.Haig, *US Department of State Special Report* No.98, Washington, D. C., March 1982。两位科学家在《自然》杂志发表的论文：Joan W. Nowicke and Matthew Meselson, Yellow rain: a palynological analysis, *Nature*, 309 （1984）, pp.205-206。事件经过的详细历史评述：Jonathan B. Tucker, The "Yellow Rain" Controversy: Lessons for Arms Control Compliance, *The Nonproliferation Review*, Spring 2001, pp.25-41。

候，一种化学信号传遍蜂窝，成千上万的工蜂就会离开蜂巢，飞到天空中。一旦起飞，蜜蜂就开始排便。这样就可以使蜂窝降温，因为每一只蜜蜂都通过排泄而减少了身体的重量。昆虫学家称之为"集体清洁飞行"，由此产生的"黄雨"可以持续几分钟。蜜蜂将花粉囫囵吞下，因此它们的粪便中有大量已经没什么用处但仍然可以识别的花粉粒。

当然，"黄雨"的颜色来自镶嵌在花粉粒表面的不可消化的小油滴。本来这种沾满油脂的粪便会自然地降落到森林冠层的树叶上，但由于难民营建在林间空地上，于是营中的人员和物品也会接收到这些东西。至于在样品中发现的痕量有毒物质，现在看来似乎来自真菌的菌丝，真菌其实正在清除这些热带废物（粪便）。

当然，从分析花粉得到的信息，并不能回答关于事物时间和起源的所有问题。那是因为由亲缘关系相近的植物产生的花粉粒在大小、形状和表面构造上通常很类似，不可能将孤立的花粉粒一直向下鉴定到种的层次。由于这个原因，我很怀疑有关报告所声称的，在都灵耶稣圣殓布（Shroud of Turin）上发现的花粉粒，帮助证明了传说的真实性。

1973 年弗雷（Max Frei）博士从裹尸布上收集了大约两百颗花粉粒，办法是用胶带接触裹尸布的表面，把植物碎屑粘下来。这是一种技术性很强的细致活，我过去经常从活鸟的头部和胸部羽毛上收集花粉（我没有伤到鸟，事后都放飞了）。弗雷在得出分析结论时坚持认为，他的部分样品与在"圣经之地"发现的 39 种植物的花粉很吻合。这真的为耶稣圣殓布的真实性提供了很有说服力的证据吗？

回想一下，教堂始终鼓励用鲜花祭奉神圣的遗物。祈祷者把花束放在裹尸布上面或者旁边，当雄蕊干燥后，花粉就可能污染那块暴露在外的裹尸布，从而在裹尸布上不断留下历史记录。此外，古人还有一种信念：为了防止亚麻布被虫子叮咬，可以把它与气味很强烈的草药或香花一起存放。意大利世世代代的看管人为了保护这块神圣的裹尸布，可能会把它与当地的野花或者外来的草药放在一起精心收藏。

以色列只不过是地中海盆地的一个小国。裹尸布经由土耳其到了意大利，这两个国家都在地中海周边。难道我们不可以设想，裹尸布上的花粉可能来自这一广阔地区分布广泛的、类似的本地野花或路边野花吗？毕竟，这涉及的是（is）都灵耶稣圣殓布的真伪，而不是布鲁克林裹尸布的真伪。

当弗雷鉴定出川续断科蓝盆花属（Scabiosa）、芸香科拟芸香属（Haplophyllum）或半日花科半日花属（Helianthemum）植物时，我认可他的分析。可是，在地中海周围的亚非欧大陆上有80种蓝盆花属植物、70种拟芸香属植物以及多达110种半日花属植物。这种超级技术是如何区分以色列的半日花属花粉与意大利的半日花属花粉的呢？

弗雷鉴别出菊科的尖刺轮蓟（Gundelia tournefortii）的花粉，有一个信徒为此深受震撼。这种植物长在耶路撒冷附近，并且可能是旧约圣经中《诗篇》和《以赛亚书》里提到的风滚草。但问题是，尖刺轮蓟的花粉粒看起来与菊科中数千种别的植物的花粉非常相似。此外这种植物在从南亚到伊朗（记住中间有土耳其相连）的广阔地区均有分布。因此，花粉分析虽然很有用，但我被迫得出这样的结论：最终来自刑侦实验室的有关所谓都灵耶稣圣殓布的唯一重要信息是，它确立了那张布的年代，并告诉我们布上的面部形象和躯体形象是如何产生的。

花粉是我们这个星球上的一切生命中如此重要、如此引人入胜的组成部分，真的值得用整整一本书来描绘。在下一章，你将会看到花粉粒如何行使其最重要的功能。

她脸上有一座花园，
红玫瑰与白百合生长其间；
这是天堂之所，
各种甜蜜果实应有尽有。
那里长有樱桃，
但没人可以购买，
除非由它自己叫道：
"樱桃熟了！"

——卡皮尔（Thomas Campion，1567—1620）《她脸上有一座花园》

第七章

富有成果的结合

花粉的制造，只是玫瑰花苞里"性生产线"（sexual assembly line）上整个故事的一半。当花药装满了精子之时，成排的子房室也贮满了未受精的、被称作"胚珠"的种子。每个胚珠通过胎座组织的珠柄与子房内部相连通。对于不同科的植物来说，胚珠通过珠柄与子房室联通的方式是不同的，因此植物学家可以根据胎座的样式来对植物进行分类。

每个人肚子上都有一个肚脐，正是在这个疤痕处原来曾有一根长长的脐带将他或她与母亲子宫中的胎盘相连。每个成熟的种子外面也都有一个类似的小疤痕，标示出此处曾有一根珠柄将它与子房室的一部分相连。种子的"肚脐"被恰如其分地称作"种脐"。"种脐"（hilum）本来是个拉丁词，意思是"小事、琐事、一点点"（trifle），因为种脐外表看上去只不过是坚硬的种子外套上一个微不足道的小疤。从蚕豆或者黑眼豌豆上很容易看到一个狭长或眼状的种脐。松散、干燥的种子上的种脐，通常比人的肚脐拥有更多的功能。在某些种子中，种脐行使导管的作用，可以将雨水导入处在休眠中的胚胎，促使种子萌发。

要制造一粒种子，胚珠必须先包含一个卵细胞。而卵的生产早在花芽开放之前许久就已经开始了。花中每个健康发育的胚珠都包含一个大的细胞，叫做"大孢子细胞"，它被埋藏在保护层和营养组织之下。"大孢子细胞"（megasporopcyte）这个词指大型可繁殖细胞的生产者。在多数胚珠中，大孢子细胞启动了制造卵的过程所要求的发育序列。

大孢子细胞要通过两次分裂制造出四个细胞内连在一起的锁链。其中三个细胞会皱缩并死亡，但第四个细胞会茁壮成长并膨大，经过一系列内部分裂后形成一个胚囊。对不同种的开花植物来说，胚囊会有很大的不同，但是它们有一样东西是共享的。一旦发育完成，每个胚囊必须至少包含一个活着的卵细胞。

到了开花的时候，每个花药都应当包含一些花粉粒，而每个胚珠都应当包含一个胚囊。在整个开花期间，心皮的尖部（柱头）必须准备好接收并加工到来的花粉。当一粒幸运的花粉附着到柱头顶部时，它会吸收柱头表面释放的糖水，在柱头上吸水膨胀并长出一根花粉管，将自己推进柱头里面，然后下行到心皮的颈部，寻找隐藏在子房中的胚珠。花粉管萌发时，会含有原来呆在花粉粒中的精子细胞。

当一个花粉粒在正确的时间落到正确的柱头上，它可以在接触后20分钟内吸收糖水。茄科的野番茄（Lycopersicon peruvianum）和十字花科芸薹属（Brassica）植物的花粉粒吸收了柱头上的这种液体后，在两到三个小时内便会萌发出花粉管。

花粉管由愈伤组织构成，它是另一种由糖分子的一种复合体形成的植物塑料。在某些植物中，愈伤组织管会猛然插入柱头，刺破外皮，然后在组织层中下探。在另一些特殊的种中，花粉管似乎会寻找柱头表面细胞之间狭窄而有水汽的间隙。这些间隙就相当于花粉管的"泊位"。

花粉管在心皮颈中向前生长，相对说来比较容易，因为连接颈部（花柱）的中心细胞通常较软，而且排列疏松。杜鹃花属植物的花柱和雄蕊的颈部甚至不必劳驾细胞连接。它们的花粉管可以在充满松软冻胶的通道中自由自在地生长。

一旦花粉管长到心皮颈的下部，它就会快速前进。不过，花粉管多数采取间歇式生长。花粉管前进几微米，然后就暂停下来休息，因为它们的生长用尽了能量和愈伤材料。在等待期间，花粉管的顶部肿胀起来，以便遮盖精子复合体。在显微镜下，花粉管看起来很像一串间距不等的中空念珠。念珠是由愈伤物质组成的栓形标记，表明花粉管曾经在那些位点停止生长而让精子休息。胚珠必须恭候多久才能等到精子？十字花科油菜花的花粉管生长极为迅速，一小部分幸运的花粉管可在花粉粒落到柱头上六个小时内就抵达胚珠。野番茄的花粉管在授粉后十六小时可到达胚珠。

在多数人看来，心皮端坐在花的中央部位，似乎是到来的花粉极易命中的目标。玫瑰花的心皮甚至被包围在一轮又一轮雄蕊中间。所以你可能以为，每一次当袭来的微风吹落成熟的花粉，或者蜜蜂多毛的腿携带着花粉擦过花的中央部位时，就能很容易地导致自花传粉。这也就是许多植物学家曾经相信同一朵花中的雄蕊与心皮相互"婚配"的原因。

事实上，对于许多植物，自花传粉会降低种子的质量，因为这只不过是另一种形式的近亲繁殖，它会导致一些在动物乱伦交配中发现的类似的遗传问题。因此，多数植物采取了多种机制来抑制自交。

你已经看到了其中的一些机制是如何起作用的。栎属、桦木属、柳属和大麻属（Cannabis）植物都能避免自花传粉，因为它们开出的是不完全花，即单性花。茄科茄参属、百合科棋盘花属植物和其他许多种植物的完全花（两性花）能够迫使同一种花中的雄蕊和心皮在不同时间成熟。在某些山柑科山柑属（Capparis）植物和柳叶菜科月见草属（Oenothera）植物中，心皮颈伸得很长，接受花粉的柱头就避免了与较短的雄蕊直接接触。不过，它们并不总能避免风和动物将同一株植物上一朵花的花粉传到另一朵花上。看起来似乎是这样：无论采取了什么样的预防措施，每一种能够长出花粉和胚株的植物都注定会产生一定量的近亲繁殖的种子。是这样吗？

不对。让我们来分享一下农业科研、自然保护和园林植物繁育领域的大多数专家所熟知的一些信息吧。据估计，所有开花植物中差不多有66%的物种完全通过交叉传粉结出种子。在自然界中，自花传粉和近亲繁殖也并非十分可怕的事情。事实上，达尔文和其他杰出的维多利亚时期科学家早就对植物的繁殖系统进行过实验，他们发现大自然厌恶频繁的自我受精。

的确，有些植物不能完全阻止其心皮接受同种花朵上产生的花粉。不过，许多心皮具备了某种化学机制，在传粉过程中可以防止近亲交配。这种机制叫做自交不亲和性（self-incompatibility）。具有自交不亲和性的植物不必担心出现兼任某粒种子父母亲的情况，因为其心皮能够识别并拒斥由同一株植物产生的精子。自交不亲和性植物对其自身的花粉完全不起反应。

植物识别并拒绝自身花粉的能力有很强的遗传基础，因此这种辨识系统可能带来巨大的额外收益。自交不亲和性植物也可以识别以及拒绝由其祖父辈、父辈和兄弟辈提供的花粉。这样，当多个世代共同生存于同一片野地或者森林中时，此机制可以减少由近亲繁殖引起的遗传错误。

对于多数植物来说，如果收到来自同一朵花或者来自近亲的精子，胚珠会拒绝产生果实。木兰科八角属（*Illicium*）、鹅掌楸属（*Liriodendron*）和某些木兰属（*Magnolia*）植物如果发生自花传粉，将出现"伪孕"现象，产生不够大也没有种子的果实，这样的果实对园丁来说毫无用处。成功的伪孕发生在可食用芭蕉属（*Musa*）植物的繁育过程当中。由于过去杂交的结果，这些植物携带了不对等数目的染色体。人工栽培的香蕉的雌花并不需要精子就可以形成果实。当胚珠长大时，它们只是不断地增加新鲜的组织层。切开早餐盘上的一根香蕉，在黄白色的果肉中可以见到一些小黑点。那些点状物就是未受精种子的残余物。

自交不亲和性影响到许多栽培植物的生长方式，特别对那些有着重要商业价值的水果而言。苹果同一繁殖系的成员几乎拥有相同的遗传基因，因此如果一株蛇果树从其他蛇果树接收花粉的话，它仍然不会结出果实。下一次驱车光临某个商业果园时，你要注意观察，园主通常会栽种至少两个不同繁殖系的果树，并且成排交替栽种。当我还是纽约州一名大学生时我就得知，老一代果农宁愿在同一个果园中栽种两个不同繁殖系的樱桃，一种是"父树"，一种是"母树"。父系的樱桃产量不高，但果农还是要在每个园子中少量栽种，以便使母树的樱桃产量达到最大化。

农民和植物繁育者痛恨自交不亲和性有两个原因。首先，在气候不好或者缺少传粉者时，植物交叉传粉的机会将受到影响，水果和谷物会因此减产。第二，虽然交叉传粉的谷物享受到了较大的遗传多样性，但同种谷物的个体植株在不同的时间开花和结果，因此很难预测同一块田地中所有植物的生长和收获时间。大量植物繁育史文献展示，直到 19世纪晚期，人们仍在无意识地减少谷物的基因库。有些基因操控着自交不亲和性，而繁育者有意保存了那些可以抑制自交不亲和性的基因突变或者染色体错误。种植单一的谷物更容易获得好收成，因为所有植物都会以同样的速率成熟。更重要的是，贫穷的农民只拥有一小块土地，如果种植自花传粉的作物，无需借助耕作更多的土地，就可以增加收成。

自然保护主义者也意识到，在保护濒危物种方面自交不亲和性并非总是他们的朋友。动植物栖息地遭到破坏导致野生种群减少，为了保护幸存物种，政府和自然主义者把一些地区变成了保护区。不幸的是，那些数量不多的幸存物种亲缘关系很近，遗传了同样的遗传预警系统。由于这个原因，现在斐济、巴西和马达加斯加的一些植物不能产生任何种子，因为它们拒绝接受父辈或同辈亲戚的花粉。自然保护主义者在试图增加犹他州和加利福尼亚州本土某些濒危野花的数量时，也面临着类似的难题。的确，某些植物可以通过插条而不断克隆自身，但是这样做不是相当于通过一次又一次地复制同一个体来设法保存这一物种吗？

对于自交不亲和性，大自然中存在两种基本形式。第一种，我愿意称之为"不整洁系统"（sloppy system）。大多数开花植物都具有此系统。其中人们已经研究过豆科车轴草属（*Trifolium*）、百合科百合属（*Lilium*）和茄科（Solanaceae）许多成员。在繁育实验中，用显微镜仔细观察很容易识别"不整洁系统"，但也有一些重要的例外。

拥有"不整洁系统"的植物产生的花粉粒，只包含一个与管状细胞相连通的精细胞。当柱头准备好接收花粉时，它的表皮变得非同寻常地油滑、黏稠。比如矮牵牛属植物的柱头会产生一种液态脂肪层，而其他多数具有"不整洁系统"的物种其柱头会转变成软泥塘或者带漏洞细胞的沼泽地。花粉粒附着在这种不整洁的表面上，就像受害的生物陷入了流沙之中。表面液体非常之多，因此花粉粒不用费力就能安顿下来并萌发出花粉管。在被识别出自花传粉的可能性之前，花粉管会一直向下生长，穿过心皮颈。不过，不整洁的自花传粉永远不可能抵达胚珠。心皮上的化学物质可以直接迫使花粉管停止生长，遇到这种情况，花粉管会萎缩并消失。在其他情况下，心皮会向花粉管传递伪信号。"被愚弄的"的花粉管开始向错误的方向生长，或者破裂，在抵达胚珠之前就释放了精子。在"父代"与"子代"之间或者"兄弟"与"姐妹"之间交配的情形中，约有一半的可能生产出近亲繁殖的种子。

第二种形式的自交不亲和性称作"整洁系统"（nest system），它比前者要简洁得多，因为它采用了一种早期预警装置。整洁系统在自然界并不普遍，人们通常对于菊科（Asteraceae）和十字花科（Brassicaceae）植物进行过研究。在显微镜下，可以观察到花粉粒包含两个精细胞，它们附着在一根管状细胞上。柱头的表面是干燥的，表面细胞只披着一层薄薄的蛋白质膜。植物学家还不大确定花粉粒是如何附着在这种干燥柱头顶端的。静电吸附可能起了作用，或者柱头上的蛋白质膜具有很好的黏着性。如果具有整洁系统的花朵接收到自己的花粉，花粉粒会被识别出来，并被干燥的表面所拒绝。被拒的花粉粒通常不能生长，或者会被一层塑料壳包裹起来，或者会变成一些软弱、卷曲的小管，不能刺破心皮的表面。具有整洁系统的植物能够避开父代的花粉，并且能够识别和拒斥兄弟传来的花粉中约四分之三的数量。

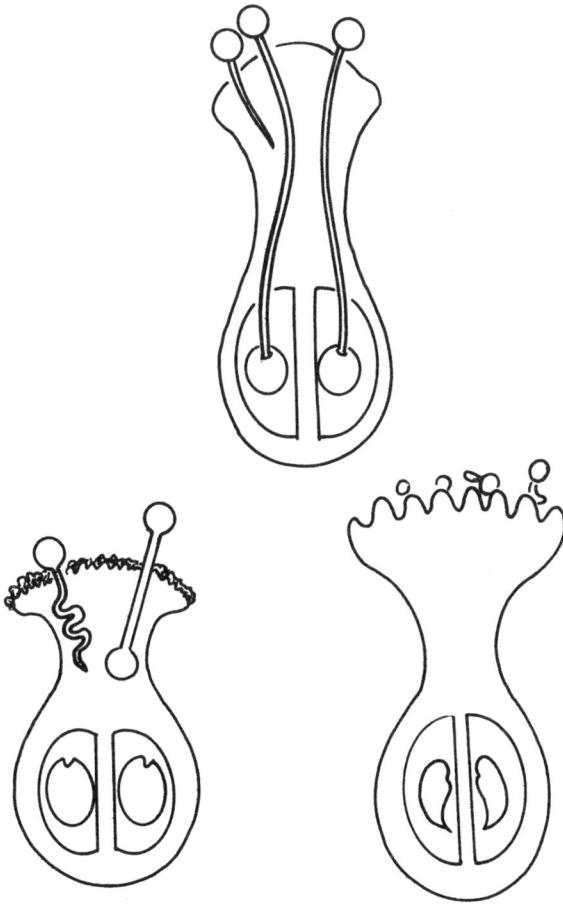

上图：当心皮接受花粉时，花粉粒膨胀，萌发出花粉管，并向下生长，穿越花柱颈，最终它们会注入胚珠。花粉管通过胚珠表面上的一种通道进入胚珠，并释放出花粉的精子。**右下图**：具有"整洁"自交不亲和系统的植物，柱头表面干燥。它具有一种早期预警装置。自花传粉的花粉粒或近亲交配的花粉粒不会膨胀，或者不会萌发，或者虽然可以产生花粉管，但这种花粉管不能刺破柱头的表面。**左下图**：具有"不整洁"自交不亲和系统的植物，其柱头表面又油又黏。自花传粉的花粉粒和近亲交配的花粉粒能够膨胀并萌发，但是当它们在花柱中下行时，会受到心皮的拒斥。梅尔斯绘制。

看起来，拥有整洁系统的植物非常高效，因为它们的花粉粒外壁上披了一层蛋白质"身份证"。蛋白质分子可以被贮存在花粉粒外壁的凹坑中，直到花粉粒碰上柱头的表面。当分子从凹坑中出来时，柱头的表皮细胞能够知道每个花粉粒的起源。

植物繁育者已经发现一些有用的技巧，可以用来骗过自交不亲和植物的心皮。这些技术包括切掉柱头，或者用化学物质涂抹柱头，以破坏其识别响应系统。有些植物栽培者把经自花传粉的植物连盆放在充满二氧化碳的小房间中，因为在这种环境下自交不亲和性通常会瓦解。为了让一株良种花椰菜自交，育种人必须用手剥开最嫩的花芽，在其自我辨识系统有机会形成之前，用花粉轻搽未成熟的柱头。

所有这些方法都很费时费力，结果也不大可预测。不过，有时大自然是慷慨的，当温度逐日增高时，自交不亲和性响应就会关闭。在春季，当气候反常，非常炎热，温度超过 80 华氏度时，某些苹果花将开始接受其自身的花粉。

当精子与卵的结合具有相容性时，就会形成胚胎。不过，开花植物有一个重要的特点：多数物种要求两个精细胞才能制造出一粒种子。这就意味着，在毛茛属、百合属或茄属植物的花粉管当中，当花粉管下行到胚珠部位时，一个孤立的精细胞要分裂成两个精细胞。研究油菜、白花丹属（*Plumbago*）植物和某些草本花卉植物精子单位，你会产生一种强烈的印象：花粉管细胞的作用就好像是一头驴子，"驮着"两个精细胞在花粉管中下行。一旦花粉管在胚珠的表面找到进入孔，它就会把两个精细胞送给耐心等待着的胚囊。

其中一个精细胞和一个卵细胞结合，开始形成种子胚胎。第二个精细胞通常与同一胚囊中的两个"极"细胞融合。这种奇特的三连体会发育成一种富含淀粉的养料组织，也就是胚乳，用来为年幼的胚胎提供养分。包含三联体的极核细胞生长很快，并且会快速分裂，这可以解释为何多数开花植物在花朵受精后几周或者几个月的时间内种子就能成熟。这意味着在整个人类历史当中，所有凭借种植长有可食性种子的草本植物（小麦、玉米、水稻）支撑起来的伟大文明，最终依靠的是这样一种"一个精细胞与两个极细胞相结合"的机制。

对于长球花的裸子植物来说，受精过程与被子植物完全不同。虽说单个精细胞与卵细胞结合的过程与开花植物的情况类似，但是食物组织根本不会接收到精细胞，并且成熟十分缓慢。许多裸子植物的种子通常需要一年半以上的时间才能贮存足够多的养料细胞进而成熟，并离开父辈的树木或灌丛。松籽美味可口，但是从来没有哪个伟大的文明曾经靠这类果实来维持、喂养其居民。

胚囊的双受精（double fertilization）让开花植物具有了快速扩散的能力，因为它们可以在短时间内产生多个世代。这有助于解释在最近的一次冰期过后，逃过一劫的开花植物何以能快速扩张，重新占据地球上贫瘠的土地。

传粉通常只被定义为一种把花粉扔到柱头上的行为。事实上，成功的传粉意味着恰当的花粉粒已经在恰当的时机找到恰当的柱头。生命进化的历史表明，开花植物已经投入了相当可观的时间和资源，来使这一过程更加高效。在下一章，你会了解到它们为成功传粉所作出的努力。

借助"真"所给予的温馨装饰，

哦，"美"看起来似乎更加美丽！

玫瑰看起来美，而我们认为它更美，

因为它甜蜜芳香。

野蔷薇姿色撩人，

与玫瑰一样芳香四溢。

高挂于藤蔓之上，悠闲嬉戏，

夏日来临，花苞轻轻开放。

可是，野蔷薇的好处只在于色相，

寂寞开无主，凋零无人怜。

它们寂寞地死去。而可爱的玫瑰却完全不同；

她们温馨的死亡却可以酿成最香甜的汁液。

你就如玫瑰，青春美丽而可爱；

当韶华远去，我的诗会记取你的真切。

——莎士比亚（William Shakespeare）《十四行诗》第 54 首

第八章

原始吸引

　　一些很美丽的花却有着丑陋的名字。在莎士比亚的时代，犬蔷薇也被称作溃疡花（canker bloom）。的确，"canker"与"癌"（cancer）有着同样的拉丁词源。人们准是把粉红色的花瓣比作了流脓的疮伤或生锈的废铁。《十四行诗》第 54 首贬低野生的犬蔷薇，因为它的花缺少那个时候人们栽培的突厥蔷薇（*Rosa damascena*）和法国蔷薇（*R. gallica*）的浓烈芳香。

伊丽莎白时代的社会使用玫瑰给食物、饮料和早期的牙膏增添香味。早在现代洗衣皂、空气清新剂和感冒药出现之前，玫瑰作为其始祖级产品大显身手。妇女用玫瑰水洗面，因为她们相信玫瑰能够令她们重返美艳青春。没有香味的蔷薇就像没有真（truth）的美（beauty）。

诗人和园艺作家喜欢争论花的颜色与花的香味哪个更有价值。时髦的文学议论很有趣，但它忽略了花的颜色的真正功能和本性。在前面的章节中，你已经注意到，花朵可以抑制自花传粉，为的是减少近亲交配产生种子的可能。为了鼓励交叉传粉，增加远源交配产生的种子，花需要一套不同的适应机制。

植物将自己的花粉委托给某个移动传粉者，传粉者在同一物种不同植株的花朵之间传递花粉粒，这时授粉过程就发生了。绝大多数植物依靠正在觅食的动物充当传递花粉的"导弹"，而花朵会用颜色和气味来激励传粉动物的行动。这就是为何植物学家称花的颜色和香味是"原始吸引物"（primary attractants）。

从淡雅到华丽，花的颜色变化范围极为广泛，但令人吃惊的是，所有花的色素主要来自四类化学物质。而且，花时常会展现出一种节俭的运用模式，对色素进行循环利用。通常，在植物的生命周期中同一种色素可用于植物的不同部分。

比如，每年春天，我们都会对石蒜科雪花莲属（*Galanthus*）植物花朵上的绿点和斑块赞叹不已；到了夏天，我们又迎来大戟科大戟属（*Euphorbia*）植物绿宝石般的花朵。这些花朵被叶绿素染色，叶绿素充满叶细胞，并可制造大量的植物营养物。

现在我们关注一下各种各样淡黄色、黄色和橙色的花朵。金黄色色调是由胡萝卜素造成的。胡萝卜素也会帮助叶子捕获阳光并通过光合作用来制造糖。胡萝卜素出现在花朵表皮细胞中时，看起来就是一种淡黄色的物质。它可溶解于油滴中，或者以结晶体的形式悬浮于细胞当中。其实，胡萝卜素的用途还多得很，比如，花朵可利用它来帮助建造花粉粒的外壁。

剩下的两类色素表明，不同的化学物质时常可以造就相同的颜色。甜菜色素（betalains）是一组稀有的化合物，主要存在于仙人掌科、马齿苋科（Portulacaceae）、紫茉莉科（Nyctaginaceae）和番杏科（Aizoaceae）植物中。有的甜菜色素与类胡萝卜素一致，能产生黄色的色调，另一些甜菜色素则可以表现为红色或紫色。不过，红色和紫色也可以由另外一大类广泛存在的类黄酮（flavonoids）物质生成。人的肉眼无法分辨由甜菜色素生成的深红色与由类黄酮物质生成的深红色。

更重要的是，类黄酮类物质也负责生成我们在花瓣上看到的各种蓝色。因为类黄酮色素可溶于水，它们存在于花瓣表皮活细胞内部的水囊（液泡）当中，与水混在一起。类黄酮色素对水的化学变化极为敏感，反应就像石蕊试纸一般。花细胞中的酸性液体有助于表达为粉色或淡红色色调，而中性的液体会导致紫色。蓝色色调则要求有碱性溶液。这一点可以解释为何我们这个星球上最蓝的野花主要生长在富含铁、铝、铜等矿物质的岩土地带。

类黄酮物质还有另外一种特别的性质，人类如果不借助于敏感的摄影胶片和计算机增强技术，是不可能看到的。某些类黄酮色素对紫外光极为敏感，有的科学家称它们为"蜂蓝"，而有的科学家称之为"蜂绿"。事实上，多数昆虫与许多鸟类、小型哺乳类动物、金鱼一样，能够很好地看到光谱上的紫外光部分。而人类似乎丧失了看见紫外世界的原始能力，在此方面人类不及多数"低等动物"。为什么会这样？眼下

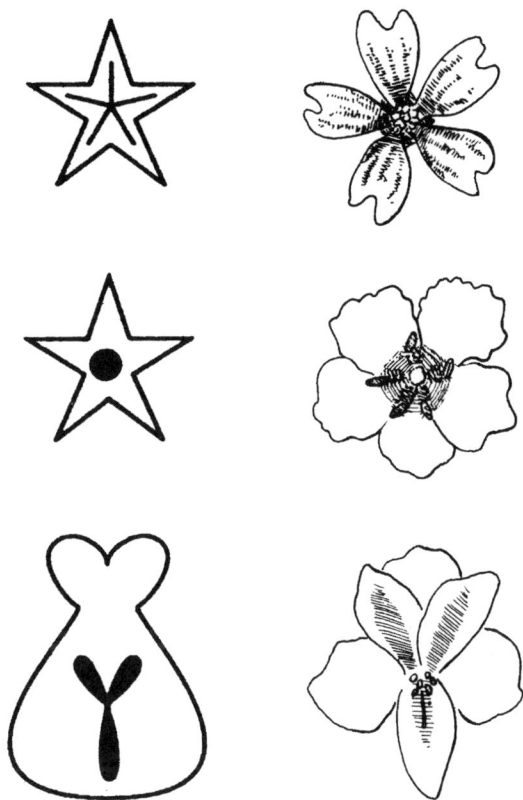

三种常见的紫外模式。**上图**：星状，以锦葵科锦葵属（*Malva*）植物为代表。**中图**：牛眼状，以玄参科毛蕊花属（*Verbascum*）植物为代表。**下图**：叶形斑状或不规则斑状，以石蒜科六出花属（*Alstroemeria*）植物为代表。这种模式在两侧对称的花朵中最常见。梅尔斯绘制。

科学家还不能回答这个神秘的问题。

当然，除了产生突变以及在花园中精心选育的花以外，上述情况的确意味着自然界中极少存在真正的白色花朵。我们在野外看到白垩色、象牙色的花朵时，是因为眼睛接收到花朵组织中贮藏在细胞里的淀粉颗粒反射回来的白光，但是其他动物能够看到由类黄酮色素展现的完全不同的模式。植物学家曾经认为，一些夜间开放的花朵缺少色素，于是能够展现为纯白色。但近来已经放弃了这一理论。科学家在热带开展了一项研究，用对紫外光敏感的胶片进行拍摄时发现，某些乔木和藤本植物的花朵透露出类黄酮物质起了作用，这些植物是由夜间活动的蛾子传粉的。

花朵的组织及其展示颜色的方式，似乎比其实际利用色素的方式更为重要。米尤斯（Bastiaan Meeuse，1916—1999）教授于 1961 年在他的一部文字优美的著作《传粉故事》（The Story of Pollination）中指出了这一点。他注意到，事情很少如外表所示，因为花朵实现的最惊人的效应在显微镜下看起来完全是另一番样子。

红玫瑰的花瓣是纯红色的吗？用剃须刀片剥开花的表皮，把它安放在载玻片上，你会发现这张表皮的红色并非均匀的。充满粉红色水囊的细胞与充满紫色水囊的细胞交替出现，形成了一种在人的肉眼看来是红色的混合马赛克。米尤斯把它与法国新印象派绘画大师修拉（Georges Seurat，1859—1891）的作品进行了对比，修拉通过在画布上把不同颜色的点组合起来制造出了类似的效果。这种绘画风格被称作"点彩派"（pointillism），我们把这种技法的完善归功于修拉，可是花朵可能早在 8000 万年前就已经掌握了这种设计技巧。

让我们看一看堇菜科堇菜属（Viola）不同品种花朵上的斑纹或者罂

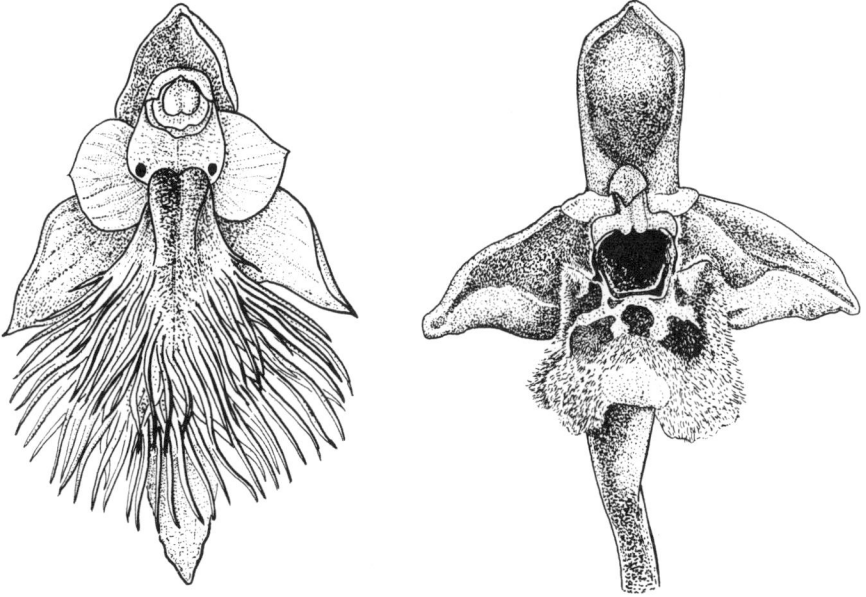

兰花通过给唇瓣的外表增加部件、发状物或者两者兼有，而改变唇瓣的组构。
左图：澳大利亚的一种老人兰（*Calochilus campestris*）。**右图**：以色列的蜜蜂兰
（*Ophrys holoserica*）。这两种花都模仿了雌性昆虫的身体，并且要由雄性昆虫
来传粉。雄性昆虫试图与唇瓣上的假冒雌性交尾，就帮助了兰花传粉。梅尔斯
绘制。

粟科东方罂粟（*Papaver orientale*）每个花瓣基部深黑色的斑块吧。花瓣怎么会长出这种黑色装饰物？米尤斯切开花瓣，发现不同的颜色是由不同层面的表皮产生的。东方罂粟花瓣表皮的最外层细胞含有紫色的水囊，而紧挨着那层细胞含有蓝色的水囊。这两层颜色不同但紧挨着的表皮细胞共同作用，吸收绝大多数白光，就会使花瓣的一部分呈现出发黑的颜色。这种颜色层的作用叫做"叠加"。

关于颜色如何受最外层表皮细胞的影响，植物学家现在已经搞得更明白了。这些细胞的大小、长度、形状决定了一束阳光被反射或被折射的方式。某些委陵菜属（*Potentilla*）植物、水仙属（*Narcissus*）植物和凤梨类植物的花瓣很有光泽，就像被打磨过一样。在显微镜下观察，它们的表皮细胞不算多，但连接紧密，并且相当均匀。米尤斯把它们比作互锁的瓷砖。这些"瓷砖"细胞外面有一层薄薄的角质蜡外套，这样就达到了一种抛光效果。

作为对比，让我们考虑一下所有玫瑰（蔷薇）和其他一些花朵，它们的花瓣可以比作一小片毡布或者天鹅绒。显微镜显示，这类花的表皮是由大小和形状均不规则的细胞组成的。有些是圆球形的并且有肋状物把它们紧紧连在一起，有些呈锥体状，还有一些呈细条状或角状，看起来像棱镜。

另一些花朵的花瓣似乎被分成了一些子区域，光滑的部分与起皱的部分在一片花瓣上交替出现。例如眉兰属（*Ophrys*）植物和须兰属（*Calochilus*）植物的花朵唇瓣边缘密生绒毛，而同一片花瓣的中央部分通常十分光亮，透着金属光泽。植物学家称之为"古代青铜镜"，他们认为这种结构酷似内科医生使用的某种内窥镜。一些花瓣的模样为何变化如此之大？

经过三十年的实验，加拿大、以色列和德国的科学家得出了类似的结论。外皮组织似乎与色彩模式结合起来，共同帮助产生某种增强的视觉提示，用以吸引传粉者并引导它们抵达花朵的中心部位。因为花朵的性器官位于这些中央区，这种组织和颜色模式能鼓励动物与充满花粉的花药和等待接收花粉的柱头接触。颜色模式既反映花的形状，也反映开放的花朵中性器官的相对位置。

由于多数花朵外形很像碗、漏斗、管子、钟，因此花朵表皮上的颜色模式颇像公牛的眼睛或者呈星状。以对比色形成的循环模式或者箭头形的条纹指示，效果都很好，可以引导传粉者从花朵的外围抵达花的中央，这里正是花的性器官聚集的地方。试想一下，以不同颜色构成循环模式的花朵就像一个活体罗盘。由于同类性器官均等地安置在花中央的各部位，昆虫究竟从哪个方向进入或者离开花朵，其实都无所谓。昆虫沿南北方向进入花朵碰到的器官，与它沿东西方向离开花朵时遇到的器官是将同一类型的。

外形呈袜偶、动物口套或摇晃的围裙等不规则形的花朵，必须利用另外的模式来引诱传粉者。这些花朵呈现两侧对称性，性器官沿一个方向安置、倾斜。昆虫进出花朵，通常只有一种"合法的"方式，当按此规矩出入时，昆虫既能接触到花药又能接触到柱头。昆虫只能从花朵的一侧进入，在这个方位上会有 个平台或者"起落架"供它停歇。两侧对称的花朵与辐射对称的花朵一样，当传粉者进出时，性器官会接触或摩擦到传粉者。当进入模式是基于颜色的组合时，花朵会通过表皮细胞的颜色搭配来变得更为显眼。比如玄参科（Scrophulariaceae）的某些成员会用厚厚的褶皱或模糊的斑块来装饰花的下唇。正是这样的唇形构造引导眼神不大好的蜜蜂准确地进入花的喉部。

正如前面所指出的，构造模式对于兰科植物极端重要，因为传粉的昆虫若想成功地接收或传递粘糊糊的花粉块，必须精确地定位在孤立、狭窄的合蕊柱下面。兰花的唇瓣通常装饰了醒目的衬垫、瘤、脊、鳍状物来引起传粉者足够长时间的注意，以便把合蕊柱上的花粉块粘到动物的身体或者口器上。在后面的章节中，你会了解到兰花的唇瓣结构是如何"引诱"传粉者的。

同一物种的群体中，花朵的颜色也可以不同，并以不同的频度出现。比如，报春花科的琉璃繁缕（*Anagallis arvensis*）虽然被称作"猩红海绿"，但是在欧洲一些牧场可能发现有些植株开红花，而相距不远处则有些开粉红花或者蓝花。我认为金属光泽太阳兰（*Thelymitra epipactoides*）穿戴的行头最精致，这种珍稀的兰花只生长在澳大利亚南部少数几个地点。植物绘画和照片显示，这些已被人发现的兰花有着蓝宝石色、深灰色、黄绿色、粉红色或者古铜色的花瓣。自然选择为何鼓励同一物种各成员的花朵颜色有如此巨大的变化？

有证据表明，不同的颜色是为了迎合不同动物的喜好。蝴蝶很喜欢马鞭草科马樱丹（*Lantana camara*）的花，其中孔雀蛱蝶（*Precis almana*）偏爱橙黄色的花朵，而凤蝶和弄蝶喜欢造访粉红色的花朵。某一地区如果橙黄色马樱丹十分稀少，最终会导致在许多年当中罕有孔雀蛱蝶造访，而凤蝶和弄蝶则会十分活跃，并对这种花十分忠诚。

植物繁育者从痛苦的经历中得知，花朵的颜色通常受控于不止一个基因。比如，野生三色堇（*Viola tricolor*）需要多达9个基因来决定是开出黄面带黑边的花还是黄面带红条纹的花。园艺商迄今无法提供所有花朵全部具有相同颜色的批量三色堇，对此我们或许应当更宽容一点。

花朵的颜色也可以随着个体的"芳龄"而改变。茄科的鸳鸯茉莉

（*Brunfelsia australis*）是南美洲一种本土植物，出售时的名字叫"昨今明三日植物"。它们的花瓣于昨天打开时，为蓝紫色，但这些色素在短时间内就会分解。到了今天，紫花就会褪变为浅蓝色。再到明天，正在凋零的花瓣会进一步退色，变成黄白色。

另外一些花的颜色随时间的延长而变深。美国东北部森林中百合科大花延龄草（*Trillium grandiflorum*）的花瓣，在干枯和卷曲的过程中会逐渐变红。这可以被解释为花朵与传粉者之间动态伙伴关系的一部分。野蜂会把延龄草颜色的变化与可吃喝的好东西逐渐变少联系起来。

英格兰诗人和讽刺作家马维尔（Andrew Marvell，1621—1678）写过一首诗《花园中的割草机》，在诗中他指责人类糟蹋无辜的植物。花园是邪恶的窝点，怪诞的东西被通过不自然的手段繁育出来。更可恶的是，人类因醉心于奢华而牵连无辜的花朵。"为了得到奇怪的香味，他让玫瑰腐败；为了好看，他让花朵学着打扮自己。"的确，园艺工作者利用了花朵的气味，但在多数情况下，他们做的一切，实际上只是利用曾由自然选择所维系的自然变异罢了。

不过，人类选育玫瑰，使其具有奇怪的香味，这并不能算过错。在大自然中，花朵的气味与花朵的颜色一样变化多端。在考察芳香的多样性之前，我们必须问一个重要的问题：在花朵中，香味是从哪产生出来的？

在前文中我已经提到，有些芳香分子可以溶解于附着在花粉粒外壁的稠油滴中。这些花粉香味不是特别浓烈，但对专门到花朵近前采集或食用花粉粒的动物来说是非常"引人注目"的。我们在花束中闻到的香味，通常是由花朵表皮上的特定细胞制造的。

在20世纪50年代，奥地利植物学家沃格尔（Stefan Vogel）教授专注于确定花朵中产生香味的确切位置。他把活体花朵整个浸泡在浓度为百分之一的"中性红"溶液中，中性红是一种染料，可以很好地指示有关易挥发物的反应，比如芳香分子的快速释放。有浓烈香味的花朵在数小时内都有反应。沃格尔得出结论：在花朵开放的全过程中，不同花朵的不同部位会在某个临界时刻成为芳香物质（香料）制造厂。即使是亲缘关系很近的植物，其花朵上产生芳香物质的器官位置也不尽相同。比如在豆科中，克氏羽扇豆（*Lupinus cruckshanksii*）花朵的芳香细胞长在宽阔的旗瓣中央，而西班牙鹰爪豆（*Spartium junceum*）的花朵将芳香物质携带在两个翼瓣上。研究花朵的生物学家仍然不能详尽地解释这些精细的差别。

沃格尔称这些芳香器官为"香腺囊"（osmophores），这个词来自希腊语，意思是"芳香携带者"。在继续研究更多外来物种，特别是马兜铃科（Aristolochiaceae）、天南星科（Araceae）、萝藦科（Asclepiadaceae）和兰科植物的成员时，他发现其花朵的香腺囊通常较大而且奢华，位于显著伸长的花瓣前端，或者沿萼片和苞片的不规则边缘生长。有些看起来像长羽毛的小棒、长毛的手指、梳子齿或肉质柱。这些奇特的结构扩展了释放香味的表面区域，增加了花朵向空气中传播芳香粒子的能力。

香腺囊如何知道什么时候该释放香味？沃格尔通过显微镜发现，只有暴露于空气中的表皮层细胞才具有香水瓶的功能。这个外表层总是位于由淀粉粒堆积起来的一种特殊内层细胞之上。当花朵消化这些内层细胞中的淀粉时，释放出的化学能就会促使芳香表皮中的香味"瓶塞"开启。

最近华盛顿州惠特曼学院的道本森（Heidi Bobson）博士和她的瑞典同行们所做的研究表明，沃格尔的大部分工作可能只代表了进化中的极端情形。道本森注意到，我们这个星球上的大多数花朵并没有体积较大、形状稀奇古怪的香腺囊。她花了许多精力研究更普通的植物——如毛茛（*Ranunculus acris*）和玫瑰（*Rosa rugosa*）[①]——的循环开花现象。这些植物把芳香物质的生产分布于花朵的各个部位。闻一朵玫瑰时，我们实际上吸入了花朵不同器官产生的各种化学物质的混合体。玫瑰的雄蕊释放出丁子香酚（eugenol），一种能使人想起丁子香（cloves）[②]的香料。花瓣并不生产丁子香酚，但能分泌许多香叶醇（geraniol）和橙花醇（nerol），这是与许多颇受青睐的玫瑰有关的美妙"标记"。如果道本森是对的，那么花瓣、雄蕊和心皮就像一支管弦乐队各分部中的弦乐器、铜管乐器、木管乐器和打击乐器，在不同的乐章中用不同的器官乐器演奏出不同的芳香曲调。一首玫瑰"音乐"的质量，可以用不同芳香气味相互混合的浓度以及修饰与平衡的方式来测度。

在埃及和克里特岛发现的古代壁画表明，人类早在 5000 多年前就为了芳香物质而栽种花卉。白花百合（*Lilium candidum*）似乎是地中海地区最古老的芳香作物之一。埃及某些墓画上刻绘的法老宫廷的宫女，额头上戴着芳香膏囊。人们已经从幸存的羊皮纸卷轴中翻译出制作这些香膏的配方。在多数情况下，是将捣碎或剁碎的花瓣与牛油混制而成。

香水工业严格保守秘密，因为秘方可以赚很多钱。这使得描写科学的作家很难拼凑出花朵芳香的博物志。不过，科学家确实知道，芳香化学物质只占活体花朵的一小部分。鲜玫瑰中芳香化合物只占总重量的百

[①] 此处所指的"玫瑰"是真正的玫瑰，不是指花卉市场上常见的"月季"。当然，它们都是一个属的植物。

[②] "丁子香"，过去俗称"丁香"，它生长在南方，不同于北方的丁香属植物。现在正规称谓中已不再叫它"丁香"。实际上，现在的《中国植物志》中没有任何一种植物的确切名字叫"丁香"。当然，叫某某丁香的有许多。

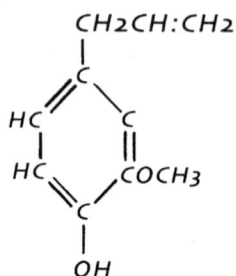

丁子香酚

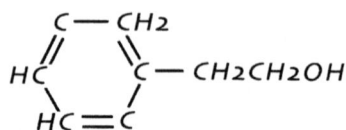

苯乙基

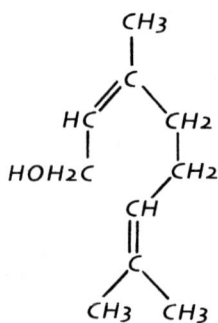

香叶醇

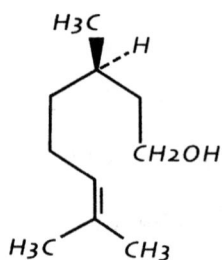

香芽醇

由某些玫瑰产生的四种芳香"音符"的分子骨架，它们都基于由 6 个碳原子组成的一个中心环。梅尔斯绘制。

分之 0.075。当香味散发到空气中时，某些细胞会加倍努力以填补空缺，花朵终其一生都会这样工作。晚香玉会迅速补充挥发掉的芳香油，每朵花能够生产 12 倍于其最初所具有的芳香物质。

人们已经从接近 450 种花卉香料的芳香物质中鉴别出 700 多种不同的化合物。一些生物化学家设法揭开这些芳香物质分子的神秘面纱，将其划分为三个主要类别。对这些类别进行全面细致的分析，可能需要单独写一整部书。在此，只需要说清楚一点：所有芳香物质具有一个重要的共同特征。它们都由很小、很轻的分子构成，这些分子在很低的温度下就极易挥发。实际上，在室温条件下它们多数会以微粒的形式散布于空气当中。环境越温暖，微粒扩散到大气中的速度就越快。在最炎热的夏日，玫瑰花园几乎没有香味，所以香水工业中田野采集花朵的工作是在黎明前较凉爽的时间开始的。

许多不同种类的化合物，如脂、芳香苯环、酮、乙醇和类萜等的混合物，通常俗称"精油"，因为它在温暖的空气中会挥发掉，散发出浓烈的香气。有些花朵在预定的时间段释放香气。明尼苏达大学的一个研究中心荷美尔研究所（Hormel Institute）的霍尔曼（Ralph Holman）所做的研究表明，夜间开放的兰花在日落后，以脉冲形式有节奏地释放香气。这些脉冲在白天就会停止。

花朵产生的芳香物质浓度可能很低，昆虫可以辨别清楚，人类却闻不到，即使靠近闻也不成。亚利桑那州卡尔·海顿蜜蜂研究中心（Carl Hayden Bee Research Center）的布须曼（Stephen L. Buchmann）博士针对如何去闻"无味"的花朵提出了一些非常好的建议。他告诉我们，在一个有着容量较小且清洁干燥的密闭瓶子中放入一小束花朵。把这些花朵连瓶放置在有阳光的温暖地带，30 分钟到一个小时后打开瓶子。这时再去闻，你可能大吃一惊。我敢保证这一技巧的有效性，因为我和我的同事用显然没有味道的澳大利亚山龙眼科佩尔松属（*Persoonia*）①植物的花朵做过试验。借助于这种装瓶闻花技巧，我们能够区分佩尔松属中十个不同种的花朵所产生的五种不同芳香的类型。

人们用赞美性的词语如芬芳、甜香和辛香等来描述花朵的香味，然而马兜铃科、天南星科和萝藦科的一些成员会释放出含有氮原子的化合物。这些化学物质含有蛋白质，变质后会制造出氨气的味道，于是这些花朵通常有恶臭，散发出腐尸、霉布或鲜粪的味道。它们模仿各种各样的味道，其间差异通常很大。比如，我认为我能在萝藦科豹皮花属（*Stapelia*）植物的恶臭中闻出变质牛肉的味道，在天南星科某些天南星属（*Arisaema*）植物中闻出烂鲱鱼的气味。在第十一章和第十四章中，你会了解到这些花朵相当独特的吸引昆虫的方式。

人们对花香的反应方式通常取决于某种特定化合物及修饰物的浓度。比如澳大利亚金合欢属植物的一个种，其花枝中富含吡啶，那种强烈的苦味令我的几个同事作呕。但是另一方面，在香料与调味品工业中人们也会人工合成吡啶。将吡啶少量地加入食物或饮料当中，仅就廉价巧克力和速溶咖啡而言，能带来一种令人愉悦的"烘焙"香味。对于自然气味的偏好，通常带有很强的个人色彩。我妻子琳达喜欢木樨科欧洲女贞（*Ligustrum vulgare*）的气味，并希望我也欣赏她所谓的"可口的味道"。坦率地说，我并不喜欢欧洲女贞的味道，一闻到就大有在凌晨四点听到报警器响起的感受。

传粉者对于花香十分挑剔，这与人类对某种花朵气味的喜好或厌恶

---

① 此属约有 100 个种，它是由史密斯（J. E. Smith）于 1798 年以南非植物学家佩尔松（Christiaan Hendrik Persoon，1761—1836）的名字命名的。

似乎是一样的。正如博物学家已将花的颜色类型记录在案，植物学家也能够确定同一种群中野花的花香类型。比如，黏花荵（*Polemonium viscosum*）是花荵科花荵属的一种植物，生长在美国西北部山区各地。花荵属植物生长在阴坡林间较低的部位，平均起来每三株中只会有两株开出具有令人作呕的"臭鼬般"味道的花朵。在这个海拔高度，多数花朵都靠苍蝇传粉。生长在同一山坡较高处开阔阿尔卑斯草地上的花荵属植物，平均三株中有两株会开出具有蜂蜜般香味的花朵。在这些有阳光的区域，大黄蜂十分活跃，它们显然更喜欢有糖果香味的花朵。

我们关于原始吸引物的相对重要性的知识，来自对蜂蝇、蜜蜂、蜂鸟、天蛾、多毛圣甲虫传粉者所做的实验。从 20 世纪 20 年代起科学家已发现，当真实的花朵被移开时，这些动物会造访用纸和塑料制作的模型，但它们能够在风洞中追踪某种气味，并找到扣在钟形罩下面的真花。这些动物容忍我们对它们的粗暴操纵，原因在于它们受饥饿驱使，或者出于本能地为子孙寻找食物。

当然，对蛾子的实验并不能解释人类为何对玫瑰的色彩和芳香如此钟情。人类的祖先并不给玫瑰传粉，但人类千百年来不断描绘并歌咏玫瑰。我们怎么解释这一现象呢？

热带生物学家詹曾（Daniel H. Janzen）博士提出了一个颇有启发性的理论，我深以为然。他认为，人类从喜食野果的灵长类祖先经过长时间进化而来。植物花朵中所利用的色素和精油也标示了果实的成熟过程。特别是，熟透的果实中酯和醇的香味通常与花的香味一致。詹曾认为，人类对花的喜爱不过是进化中一个幸运的副产品，是我们需要寻找并选择成熟香蕉这种感觉的一种精心安排。

确实，有些花朵的香味感染力很强，会恰如其分地提示我们要吃或者喝某种东西。比如木兰科含笑属（*Michelia*）植物有一种让人流口水的气味，这些灌木通常被称作葡萄酒木兰或口香糖树。我们满怀激情地拿起一支黄玫瑰时，能吸到它散发出的苯基乙醇、橙花醇、芳樟醇。此玫瑰与成熟的香蕉果皮具有相同的颜色，并且其香味中也有两种物质见于橙子和掺酒精的麝香葡萄酒之中。

詹曾在人类的时尚和求偶过程中也发现了巨大的反讽成分。妇女往身上撒香水并用化妆品涂抹面部，并不是在模仿一支散发着性诱惑的怒放的玫瑰。她实际上是在模仿一只散发着维生素 C 味道的丰满多汁的蔷薇果。

它本可以觅食园中的玫瑰，
直到嘴唇好似在流血，
而且它还可以更大胆一点，
把那些玫瑰印在我的嘴唇上。
不过，它的全部兴趣所在，
依然是给它以充实的玫瑰。
——马维尔《仙女对幼鹿之死的哀怨》

第九章
回报

斯普伦格（Christian Konrad Sprengel，1750—1816）在德国柏林地区研究神学和语言学，并成为斯班岛路德会学校（Lutheran school of Spandau）的校长。正是在那里，他发展了对花朵的热情，1793年他以图书的形式发表了对花的原创性考察。与许多德文书一样，他的著作《在花的设计和花的授粉中所展示的大自然的秘密》（*Das entdeckte Geheimnis der Natur im Bau und in der Befruchtung der Blumen*）有着冗长的名字。它并不畅销，也没有得到什么评论。

一些历史学家把这本书商业上的不成功归罪于两点：出版时选择的时间不对——生活在战乱国家的人们很少愿意买书；内容定位于有局限性的特权阶层。到了18世纪末，花卉图书已经有了一个稳定的市场，这些图书多是对开本，包含稀有物种的彩色绘图。不过，斯普伦格这部书并没有收入精心制作的彩图，倒是收入了常见田野花卉的黑白线条图，以及一些虫子的头部特写画。

这部书当时也没有得到学界的好评，这可能反映了那些挑战正统观念的作家所遭遇的命运。那个时候的自然主义哲学家，比如歌德，很大程度上不看重斯普伦格的著作，嘲笑它不切实际。只需要想象一下，有些中学教师居然坚持认为大自然会阻止花朵进行自我传粉！那时没人相信花朵会由于昆虫为其传递花粉而用花蜜给予回报，大家都觉得这种看法不科学。不过，斯普伦格最令人不能容忍的观点是，老鹳草属植物花朵上明显的颜色对比模式是为了告诉昆虫，在花朵的什么部位可以找到花蜜！

当然，那时候普通的植物学家认为，同一种花中的雄蕊和雌蕊彼此婚配。蜜蜂是盗蜜贼。那时候的专家认为，花蜜就好比妇女子宫流出的液体，是为了对娇气的器官起润滑作用，辅佐精子的传递，或者给年幼的种子提供营养。可怜的斯普伦格于1794年失去了校长的职位。有人说他对花园中的植物更上心，胜过对学生的关心。但我确信可能是因为学校当局不喜欢他的激进观点，或者轻信了当时名人的冷嘲热讽。

今天，斯普伦格被认为是传粉生物学这一学科的奠基人之一，而歌德对植物的看法却少有人问津了。斯普伦格最重要的思想并未中断，因为他的书流传于世，并为少数有眼光的博物学家所赏识。在19世纪60年代，达尔文成为《在花的设计和花的授粉中所展示的大自然的秘密》这部书的一位公开捍卫者。达尔文自己关于传粉的论著激励了新一代德国和英国的博物学家。始于19世纪80年代早期的研究已经证实了斯普伦格关于花朵对比色的解释。这些颜色确实扮演向导的角色，把昆虫引导到花朵之中藏有花蜜的地方。现代的研究采用对紫外光敏感的感光胶片对花朵细部进行了拍摄，这些研究表明，实际上某些最重要的花朵标记是人类肉眼不可见的。蜜标（honey guides）或花蜜指示（nectar guides）这些字眼已经成为许多教科书中指称花朵上那些条纹、小斑点和斑块的名称。

为花朵传粉的大多数动物为何如此急于找到花蜜？毕竟多数花蜜液体中百分之六十到百分之九十五的成分不过是普通水。不错，但水是动物最容易获取的饮料，并且它是一种普适溶剂，能溶解许多植物性营养素。在大多数花蜜中，主要营养物质是各种糖，这是最简单、易消化的碳水化合物。多数传粉者就靠这些液态能量生存。

花蜜糖通常是小分子。事实上，多数花蜜主要成分是一模一样的蔗糖分子，你家橱柜中碗装的精制白糖就是由这种分子组成。有些花朵能把蔗糖的分子一分为二，这样它们所提供的花蜜就富含更容易消化的葡萄糖和果糖。除了这些糖分外，多数花蜜中包含虽然量少但质量稳定的氨基酸和维生素。这些物质就是成虫期短暂的大多数昆虫所需要的"核心营养砖"。

不同花朵分泌的花蜜中含有不同浓度、不同种类的单糖。这些化学物质的不同通常通过花形的变化反映出来。虽说此规则也存在例外，但一般来说花朵倾向于把高浓度的蔗糖花蜜隐藏在通常很长的管状花的底部，或者隐藏在外观华丽的瓣囊（petal pouches）、中空的距（spurs）或"下巴"状的器官当中。隐藏蔗糖花蜜的花朵有时也用带有铰链的盖瓣或起皱的唇状瓣来保护花蜜液体。这是因为以蔗糖为食的动物或者具有很长而且精致的口器，或者身体长得又大又壮，使得它们能够打开瓣盖或唇瓣。注定要以吸食蔗糖为主要生活来源的动物，其进食过程十分特化，既要有特化的行为，也要有专门的解剖构造，才能利用有限的食物资源。

对比起来，所提供的花蜜成分为低浓度葡萄糖和果糖的花朵，常把饮料盛放在浅碗或宽口杯中。通常有更广泛的动物种类可以获取它们的花蜜，包括口器较短、身材较小、体质娇嫩或者兼有几项特征的传粉者。

直到手持放大镜被发明并得到广泛使用之时，博物学家仍相信花朵能够吸收雨水、雾或水汽，转变成花蜜。这一思想沿袭多年，直到佛兰芒植物学家埃克吕兹（Charles de l'Écluse，1526—1609）开始对他在地中海国家采挖或者购买到的外来鳞茎活体进行严谨的研究，情况才有所改变。1601 年，埃克吕兹出版了一部专著，其中包含对皇冠贝母（Fritillaria imperialis）花朵的描写。他把这些花的花瓣放大后进行研究，发现上面有"小瘤"，能够分泌出香甜的"眼泪"。

所有能够分泌真正花蜜的花朵都包含一个或多个花蜜腺。花朵中花蜜腺的位置由基因决定，因此对于同一物种来说，总能在花朵的同一位置找到花蜜腺。毛茛科、十字花科、山龙眼科（Proteaceae）、堇菜科（Violaceae）和酢浆草科（Oxalidaceae）某些成员的花蜜腺非常大，植物分类学家常根据其形状、位置和数目来协助进行植物分类。在有些科中，花蜜腺很难探测到，因为它们与花朵表皮的外层组织混在一起。我们之所以知道它们的存在，只是因为花朵上的有些部件会变得湿润。

花蜜腺可以在萼片、花瓣或雄蕊的底部安家，也可以安卧于心皮沟纹中。有时它们位于花朵的下部，长在外层萼片与内层性器官之间的洼坑处。在芸香科柑橘属、景天科长生草属（Sempervivum）、海桐花科海桐花属（Pittosporum）植物的花朵中，花蜜腺是一种肉质的凸凹不平的

山龙眼科佩尔松属

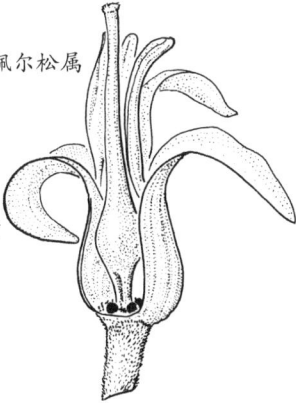

百合科蝶花百合属

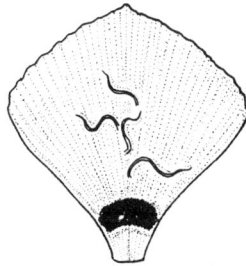

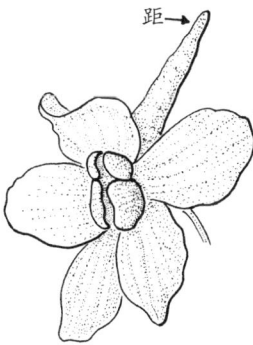

距→

毛茛科翠雀属

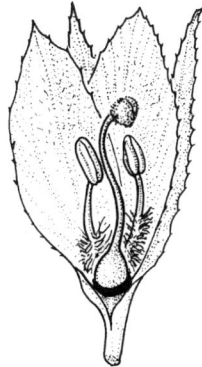

茄科茄参属

在不同花朵中花蜜腺（暗色部分）的位置是不同的。**上左图**：山龙眼科佩尔松属植物子房柄下部的 4 个花蜜腺（图中能够见到 3 个）。**上右图**：百合科蝶花百合属植物的一个花瓣基部的花蜜腺。**下右图**：茄科茄参属植物子房下部的花蜜盘。**下左图**：毛茛科翠雀属植物的花蜜从一个中空的瓣距（sepal spur）尖端的内部分泌出来。梅尔斯绘制。

盘子，位于雄蕊轮被与心皮之间。当传粉者想要喝点什么的时候，位于通向花朵器官基部的花蜜腺，会迫使传粉者缓慢地进入性器官的前端。花粉于是刷到了动物身上，而由传粉者携带来的花粉粒也会擦到接收花粉的柱头上。

不过，新鲜的花蜜使得花粉精子处于高度风险之中。我们记得，花粉粒与糖水接触时会膨胀或者爆裂。如果花蜜和花粉在同一花朵中相结合，精子会被过早激活，或者花粉粒膨胀、受淹。蜜蜂后腿的花粉筐中可能携带了许多死掉的花粉，因为它已经把花粉与花蜜混在一起了，以便把花粉粒胶结起来堆放在其篮筐的细毛中。

这意味着花朵必须喂饱传粉者，同时又要"保证花粉干燥"。花蜜腺与花药囊之间的关键距离是用毫米来度量的。野牡丹科（Melastomataceae）、萝藦科（Asclepiadaceae）、堇菜科植物的花朵是极少数敢于把花蜜直接贴在花药附近的物种。不过，这些花蜜腺设置得非常狡猾，它们通常把花蜜收集在瓣囊或者瓣距中，于是就远离了易受伤的花粉囊。

花蜜腺之所以能够持续不断地分泌出流质食物，是因为它们与韧皮部的纤维相联通，这些韧皮组织是精致的筛网状管道，能够在植物体内传导营养物质。韧皮部通常收集在绿叶中制造的糖，并把它输送到茎干或直根（taproot）中贮存起来。细管也会深入花朵之中，把糖和其他食物带到花蜜腺中。

同一种植物不同花朵上花蜜中营养物质的浓度也可以不同。比如，漆树科腰果（Anacardium occidentale）树上同一枝上的雄性花（不完全花）会比两性花（完全花）略微多分泌出一些蔗糖和氨基酸。

不同种的花朵有着不同的分泌花蜜的方式。旱金莲科旱金莲属

（*Tropaeolum*）和唇形科野芝麻属（*Lamium*）植物的花蜜从开口的斑点处涌出，斑点标示着花蜜腺的位置。忍冬科忍冬属（*Lonicera*）和锦葵科苘麻属（*Abutilon*）植物的花蜜顺着绒毛一点一点滴下。忍冬科接骨木属（*Sambucus*）植物和多数仙人掌类植物的花蜜腺开口随意，呈破碎状，从蜂窝形的"软泥"中释放出香甜的液体。

在同一朵花生命历程的不同时段，花蜜的分泌通常也是不同的。对美国西部的某些毛茛科翠雀属（*Delphinium*）植物和柳叶菜科柳叶菜属（*Epilobium*）植物而言，在老花（即开得较早的花）上比在新花上能够找到更多的花蜜。当一只蜜蜂光顾枝头最新开放的花朵时，她只能找到花粉。而成熟的花朵在花粉被耗尽很长时间后仍然能为其提供饮品。由于老花通常开在花枝的基部，蜜蜂首先会落在枝上最低的部位开始吃喝。当胃里充满了糖水，蜜蜂就有足够能量爬到枝头上部，并从新花上刮下花粉。当蜜蜂口渴时，她就会飞到另一株植物枝条下部的老花上觅食。这一过程促进了交叉传粉。

花粉对许多动物来说也是一种回报。尽管花粉粒外表油乎乎的小液滴吃进去很难消化，但里面的脂肪、氨基酸和微量矿物质却很有营养。分析表明，花粉粒所含物质的百分之二十到百分之三十可以供养一些饥饿的甲虫、蜂、蝇和蝙蝠。甚至我们人类也认识到花粉是一种好食品——如果有耐心收集的话。比如，香蒲科香蒲属（*Typha*）的花粉粒虽然只含有微量氨基酸和少许脂肪，但它们富含淀粉颗粒。新西兰的毛利人以及美洲印第安的某些部族曾经在春季收集香蒲的花粉，用水弄湿，然后把混合物烤成饼来吃。英国探险者写道，这种糕点吃起来有点像姜饼。

对比之下，胶囊中封装的花粉以及健康食品店中出售的花粉是从蜜蜂的腿中偷来的——当蜜蜂进入蜂箱入口时，可用某种装置把花粉截留下来。广告声称蜜蜂采来的花粉将给你更多的能量。也许的确如此，但我解剖过这些花粉块，我知道它们也会带给你一些蜜蜂寄生虫以及蜜蜂的腿毛。

如果花粉粒外壁是一种对消化酸和消化酶不起反应的自然塑料，那么传粉者如何提取花粉粒内部的好东西呢？实际上多数蝴蝶、蛾子和鸟是不能消化花粉的，它们在花朵上采蜜时会避免吞咽花粉。正如你在下一章中会看到的，只有一小部分昆虫长有特定的口器，才能啃破花粉粒坚硬的外壁。蜜蜂、蝇、吸蜜鹦鹉和蝙蝠也采食花粉，并且另有一套同样的办法对付花粉粒的外壁。它们先喝下许多花蜜，在嗉囊或者胃里贮存糖水。花粉一旦被吞咽到这种充满了花蜜的"肚子"里，就会浸泡在里面。花粉粒膨胀并裂开，释放出能被吸收的物质。花粉食客于是借助消化系统吸收营养，并排泄出缩小、变空的花粉粒。这就是为什么仔细检察粪便就有可能辨别出一只成年蜜蜂最后一顿大餐吃的是什么东西。

蜜蜂不会直接给它们的孩子喂很硬的花粉，而是要至少等上四五天。此前的三到四天的时间里，专司保育的蜜蜂用流质类的食物喂养幼虫，这些流质食物由蜂蜜、消化酶以及看护蜂从颚和喉中分泌出来的物质构成。对比而言，多数单独生活的蜂种用更粗糙也更直接的方法让它们的孩子开始接触花粉。母亲把花粉与浓缩的花蜜混合成一个糖球或布丁，并将一枚卵产在上面。在食物包孵化之前，花粉粒会吸收花蜜，把布丁"煎熟"。此过程要求严格的时间控制。如果蜜蜂的布丁制作得太早，在卵孵化之前，食物会受到微生物的攻击，因而发酵、变质。

在中南美洲，有些釉蛱蝶属（*Heliconius*）蝴蝶已经进化出一种新的饮食方式，它们利用花粉在糖水中的化学反应来给食物增加营养。这些蝴蝶特别喜欢造访葫芦科火藤矮瓜属（*Psiguria*）^①植物藤蔓上的雄花或者热带葫芦科其他成员的雄花。蝴蝶用它们打卷的舌头，把花粉推到花蜜当中，搅拌混合物，以促使花粉粒破裂。这样蝴蝶就为自己制作出了富含糖和蛋白质的鸡尾酒。雌性釉蛱蝶比雄性个体在这种火藤矮瓜花上花费的时间更多，因为怀孕的蝴蝶需要从花粉中汲取更多的含氮物质以产下健康的卵。

在 20 世纪，科学家认识到，有些花朵能提供多样性的食物，不仅限于花蜜或花粉。不寻常的回报通常反映了花朵与一定的传粉者之间独特的关系。要注意，有些原始的植物花朵是由甲虫传粉的。这些昆虫长有能够进行切割和咀嚼的口器，通常喜欢吃既富含汁液又富含淀粉的"色拉"。帽花木科澳楠属澳洲香料树（*Eupomatia laurina*）以及番荔枝科（Annonaceae）和木兰科某些成员的花，为甲虫提供了额外的雄蕊供它们啃食。澳洲香料树和木兰科盖裂木属（*Talauma*）植物花朵内部有些雄蕊会停止发育，不能产生花粉。这些"被阉的"雄蕊的存在，只是为了给甲虫提供快餐。昆虫啃食那些不育雄蕊时，就会撞上接收花粉的柱头或者擦到正散发着花粉的可育雄蕊。

蜡梅科加州夏蜡梅（*Calycanthus occidentalis*）长着可食的"脓疱"，而王莲（*Victoia amazonica*）花朵的雄蕊和心皮之间长有又厚又富含淀粉的"枕头"。科学家把这些额外的食物供给解释为一种报答，意在鼓励甲虫在花朵中满意地啃食，又不至于破坏太多的性器官。

---

① *Psiguria* 这个属是由 George Walker Arnott 和 Noel Martin de Necker 创建的，葫芦科这个属的植物通常为藤本，开红橙色的花，果实较小。经请教哈佛大学植物命名专家 Kanchi N. Gandhi 博士，在希腊语中 *psix* 意思是 a bit，而 *anguria* 的意思是 water melon。这里将这个属翻译成"火藤矮瓜属"，主要考虑是形象且不与其他名称混淆。

南美金虎尾科（Malpighiaceae）的许多成员和南非玄参科（Scrophulariaceae）的一些成员用油腺代替了其蜜腺，这种油腺能分泌出一种有浓烈味道的油脂。这些花朵靠两个不同科的蜂种来传粉，蜜蜂用富含丙三醇甘油二酯（diglycerides）和丙三醇甘油三酯（triglycerides）的油质饮食喂养它们的宝贝，而这些东西正是家庭医生告诫你尽量避免食用的东西。非洲玄参科植物的油腺通常是一种瘤状突出物，直接附着在雄蕊上。准蜂科（Melittidae）的集油蜂会用设计精致的钩状前腿不断擦抹油腺。

金虎尾科金匙树属（Byrsonima）植物每朵花的花瓣上都长有一对硕大、暴露的卵形腺体。在南美洲，蜜蜂科（Apidae）的收油螯针蜂（Centris）从金匙树腺体上揩油，雌性蜜蜂则把木片挖空为后代筑巢。每个卵都产在各自的小室里，其中堆积了从不同的热带树木上采集来的花粉以及一点金匙树油。为了把保育室"塞"上，雌蜂会用油与蜡混合成稠度如蛋黄酱一般的物质填盖上面的小洞。这种发黏的东西对于逐渐长成的个体来说是食物，在木质的"曲柄轴箱"中也可以起"润滑作用"。

在过去的40多年里，传出的令人吃惊的消息是，有些传粉者寻求的是不可食的回报。藤黄科热带树木魔鬼苹果（Clusia）的花瓣打开时，每朵花都包含一些退化的雄蕊，它们能分解成沥青一样的树脂。这种黏稠物质随时间推移变硬，有一些热带蜜蜂会收集它们，把它们当成建筑巢穴的水泥来使用。蜂蜡吸水，有助于细菌和真菌的生长，因此在温暖、潮湿的气候下，这种坚硬、干燥的树脂会变成一种优质灰浆。

"新大陆"的热带兰科（Orchidaceae）、天南星科（Araceae）、茄科（Solanaceae）和苦苣苔科（Gesneriaceae）植物很丰富。它们的花通常

用网捕到的这只雄性金属绿蜜蜂当时正从毛足兰属（*Trichopilia*）兰花上收集芳香油。它头顶携带着兰花花粉块（两只白色的"耳朵"）。注意，它后腿上有多毛的"香料瓶"。德莱斯勒（R.Dressler）拍摄。

含有大量芳香物质，主要成分是被称作萜、类萜的精油。闻起来有丁子香味或薄荷醇味的热带花朵，通常不产花蜜。这些含类萜的花朵几乎毫无例外地由特殊的雄蜂群体传粉，它们擦抹香水、收集香水，然后调制出最浓烈的植物香水。为了完成生命周期，雄蜂需要花朵的芳香来调配具有个性化的"科隆香水"。这种奇妙行为的完整故事，否定了流传很久的"所有雄蜂都是十足懒汉"的观点，我们会在第十二章中讨论它。

最近发现回报机制对于冷血昆虫似乎非常基本、十分有用，令人吃惊的是很长时间以来这一事实很少得到关注。有些花朵用温暖来回报它的传粉者。一大朵花或者一束小花能够产生比周围环境略高一点的温度。这种现象是在阿拉斯加苔原地带的一些野花上首次发现的：它们黑色的花瓣起着太阳能板的作用，能够吸收太阳的热量。当空气变冷时，一些小动物的进食能力会降低，于是能提供一点花蜜或者花粉的温暖花朵，就成为某些蝇或小蜜蜂喜爱的处所。

在北极圈外，温暖的花朵也很常见。甚至在温带和热带地区，温暖、加热的花朵小屋也会吸引蜜蜂和蝇类。这些昆虫通常喜爱在花朵中或在某些棕榈树、睡莲、天南星科喜林芋属和斑龙芋属（Sauromatum）植物的花枝上吃喝、交配。所有这些不同的植物具有的一个共同特征是，它们的花或者花枝在没有阳光直射时温度也较高。此时它们是通过消耗贮存在细胞中的淀粉并吸收空气中的氧气来短时间提高温度的。化学反应过程产生了热量，可以给花器官加温。

能够给花朵保温的植物更容易吸引那些在夜间或黎明时觅食的昆虫，那时候空气温度会下降很多。植物将温暖的花朵提供给寒冷的昆虫，可以有效地吸引传粉者，进而增加结出种子的机会。

亚洲的莲花（Nelumbo nucifera）能开出硕大的粉白色花朵，长期以来深受人们喜爱。现在植物学家已了解到，每朵莲花都有自己的恒温器。莲花开放时，即使空气温度低到50华氏度，它也能够产生并维持超过80华氏度的温度。

莲花中有一半的热量由中心部位的一种圆柱形的海绵状结构产生，此结构叫做花托（receptacle）。之所以叫花托，是因为它圆柱形的扁平外表面形成了一个平台，将众多心皮托起。其余的热量则由雄蕊尖端和花瓣产生。莲花的花芽长成后，在花瓣展开之前，"火炉"就点燃了。当花朵中产生的热量等于散失的热量时，温度就达到平衡。有的时候，花朵可以调节自身的温度，就像蜂鸟和鼩鼱这样的小型温血动物一样。科学家确信,80华氏度的花朵温度可以使冷血昆虫更容易激活其飞行肌。

而这将增加交叉传粉的速率，使温暖、能量充足的甲虫或蜜蜂即使在天气转凉、变得恶劣时，仍然能够从一朵花到另一朵花不停地忙碌。

　　现在我们对于端坐于莲花宝座上的佛像或者印度诸神像有了一种崭新的解释。天堂必定是一个寒冷的地方。甲虫、大师和诸神都会同意，最好以舒适的方式追求不朽。我企盼，斯普伦格的在天之灵能够在一朵莲花上显现。

还有五月中旬的最宠，

正在到来的麝香玫瑰，盛满了露酒，

夏日傍晚成了嗡嗡飞虫的会所。

——济慈（John Keats，1795—1821）《夜莺颂》

第十章

不招人喜欢但颇有效

　　昆虫频繁光顾人们珍爱的玫瑰，颇让一些人不舒服，这件事似乎比"猪倌设法向公主求爱"[①] 还遭人嫉恨。我们保护我们最喜爱的花朵，就像欧洲贵族当年捍卫家族荣誉一般：蜜蜂和蝴蝶的光顾还可忍受，但对其他昆虫则不然，要怀着复仇的激情，用毒烟把它们消灭。

　　虽然进化几乎不反映口味偏好，但许多野花是由园丁讨厌的昆虫来传粉的。我们来看看印度尼西亚茂密的低地森林中番荔枝科（Annonaceae）中的一个成员艾氏紫玉盘（*Uvaria elmeri*）[②] 吧。这种植物棕黄色的花苞在半夜到第二天早上打开，单朵花能持续开放三天，释

---

① 大概相当于中国民间的说法"癞蛤蟆想吃天鹅肉"。

② 种加词来自美国植物学家 Adolph Daniel Edward Elmer（1870—1942）。

放出朽木和熟蘑菇的味道。

　　第一天，紫玉盘花打开，它的心皮尖端能产生一种透明的水状胶质物。这种粘性的东西并不是真正的花蜜，但它是热带蟑螂最喜爱的食物。蟑螂享用这种分泌物，但不会弄伤花朵。一天半后，粘性的柱头变干、枯萎，雄蕊释放出花粉粒，蟑螂开始转向啃食花粉。野外观察表明，紫玉盘花必须经过交叉传粉才能结种子。成年蟑螂在一株衰败的花朵上啃食了花粉后，又飞到另一朵新花的柱头呷呷地"喝第二顿酒"时，就扮演了传粉者的角色。一只蟑螂在花朵间飞来飞去，每次都能用"下巴"携带多达 21 粒花粉。

　　尽管人们也观察到蟑螂造访五加科（Araliaceae）的热带树木，但这些昆虫的传粉在自然界中仍是不同寻常的。作为对照，我们来看看多数人不喜欢的其他两个"目"的昆虫。鞘翅目（Coleoptera）甲虫和双翅目（Diptera）的蝇对植物繁殖的影响非常巨大。深入理解这些昆虫与它们喜爱的花朵之间相互作用的程度，有助于区分真正的传粉行为与采花大盗或单纯窃取花蜜的行为。

　　甲虫看起来似乎是契约之外的传粉者。它们长着又厚又重的甲壳，行动迟缓，飞行不够稳定，腿脚也太僵硬，不擅长在花朵内操纵花的性器官。它们光滑、发亮的甲壳如何能够携带花粉粒呢？它们长长的口器更适合胡咬、乱嚼，而不是慢慢地享用花蜜和花粉。

　　给一些鞘翅目甲虫所起的俗名通常流露出我们对它们的糟糕印象。比如在欧洲，鞘翅目花金龟科中多数花金龟属（Cetonia）的甲虫因其对待我们所钟情的花朵的那种粗野方式，而习惯上被称作玫瑰金龟子。

　　公平而论，素食的甲虫不应当被指责为花朵的糟蹋者（"采花大盗"）。鞘翅目昆虫至少包含 25 万个物种，有些昆虫学家甚至认为，如果收集工作扩展到热带森林冠层，物种数目可能要达到数百万种。鞘翅目是我们这个星球上动物界物种最为丰富的一个类群，这部分是因为甲虫的进化反映了它们能够利用许多不同的食物资源。这也是为何甲虫与花朵之间作用方式如此多样。某种甲虫可以破坏一种植物的花朵，却担当起另一不同物种花朵的温柔的传粉者。

在美国密苏里，鞘翅目花萤科一种疱状甲虫有缘花萤（*Chauliognathus marginatus*）七月份出现，它会剪掉蔷薇科委陵菜属（*Potentilla*）的花瓣，啃食睡莲科黄色莲（*Nelumbo lutea*）的雄蕊。我曾观察过这种动物的行为变化，尽管它在防己科加拿大蝙蝠葛（*Menispermum canadense*）小花上停留的时间十分短暂。它们细心地从雄花的雄蕊上取食花粉，精巧地敲打花药顶端的花粉粒。然后它们从雌花基部舔食花蜜，在此过程中不会伤及子房。

有的甲虫的确靠花粉中的脂肪和蛋白质过活。有些玫瑰金龟子、天牛科（Cerambycidae）长须甲虫和拟花萤科（Melyridae）软翅花甲口器上长有扫帚状的细齿硬毛，能够把花粉粒划拉到喉咙中。拟天牛科（Oedemeridae）的甲虫往肚子里装满花蜜，然后把花粉浸泡在其中以便于消化。有些圣甲虫似乎是唯一在吞咽之前就能实际"咀嚼"花粉的传粉者。这些昆虫上颚上长有能破碎花粉的"臼齿"，能将花粉粒的外壁粉碎。一种热带的亚马孙圣甲虫（*Cyclocephala amazona*）能够将棕榈科刺棒棕（*Bactris gasipaes*）花朵上的花粉和硬毛同时吞下。有人认为这种甲虫使用砂砾般的棕榈硬毛来磨碎花粉壁，其机制就如同鸡吃沙石以便磨碎胃里的谷粒一样。

食物并不是甲虫在花朵上能够得到的唯一好处。因为雄性和雌性昆虫被吸引到同样的花朵上，某些花朵就成了甲虫选择配偶的交友场所。研究甲虫传粉时的一个奇怪发现是，每次检视一朵花时，总能找到十几对正在交配的昆虫。两只甲虫可以持续交尾数小时，雌性持续吃着食物，而雄性紧紧抱着雌性的腹部。研究动物的性选择的科学家坚持认为，这种缓慢的交媾对雄性有利。雄性的阴茎占据雌性的阴道时间越长，就有越多的机会让雌性接受它的精子，从而就有更多的机会成为雌性所产下的卵的父亲。

在 20 世纪初的十几年里，欧洲几位科学家开始研究甲虫对原始的类木兰目植物花朵的传粉。今天，据估计多达 40% 具有原始花朵的植物物种在交叉传粉中要求有甲虫的协助。甲虫为番荔枝科、木兰科、林仙科（Winteraceae）、环花科（Cyclanthaceae）、帽花木科（Eupomatiaceae）、睡莲科的许多成员传粉。没有甲虫这样的传粉者，热带果园永远也无法产出棕榈油，也不会有商用肉豆蔻科肉豆蔻（*Myristica fragrans*）粉加入圣诞蛋酒（eggnog）了。

20 世纪 50 年代，许多植物学家已经注意到，靠甲虫传粉的花朵有一些共同特征。它们的花器官趋向于长得比较结实，这使得它们能够抵御昆虫颚的切割；这些花朵外形呈花瓶状或坛子状，容许甲虫在阴暗的小室里私密地进食和交媾；最后，这些花朵的花瓣上缺少明晰、独特的花蜜指示，而这是靠视力不佳的动物传粉的花朵所具有的典型特征。

昆虫学家也坚持认为，多数甲虫是通过它们的嗅觉来"观察"世界的。人们对甲虫传粉花朵的复杂芳香与利娇酒（liqueurs）、黄油硬糖、太熟的水果的香味进行对比，其间的相似性解释了美国的开拓者为何曾经把睡莲科欧亚萍蓬草（*Nuphar luteum*）叫做"白兰地酒瓶"。这些花朵通常缺少蜜腺，所以可食的回报主要在于富含淀粉的花粉和可食的雄蕊。甲虫被认为是古老而粗糙的传播花粉的工具，有位植物学家把它们

上图：一只大象鼻虫出现在帽花木科帽花木属（*Eupomatia*）的原始花上。豪科斯伍德（T. Hawkeswood）摄影。下图：一只有毛的圣甲虫在吃完以色列郁金香的花粉后，爬到花瓣的边缘准备飞向空中。注意，在花朵的基部有黑色的"甲虫标记"区。达夫尼（A. Dafni）拍摄。

邋遢的手法描述为花粉沾满全身"又脏又乱"（mess and soil）的传粉。

这种生动的描述主导花朵进化研究一直到 20 世纪 80 年代。当时，以色列、南非和东澳大利亚的科学家通过独立工作得出结论，大自然中存在两种逐渐分化的甲虫传粉模式。厚重而有臭味的瓮形花朵与弱视相关联，"在暗中做事"的昆虫趋向于反映茂密森林中某些本土乔木、灌丛和爬藤的特化需求。不过，由于甲虫生活在如此多样的环境中，在开阔的林地中发现的传粉系统与在灌木丛中发现的传粉系统，在很多重要的方面通常是不同的。

对于开阔生境下的甲虫，花朵通常呈广口碗或大浅盘状，萼片和花瓣都很瘦窄，花朵上通常标有色彩对比强烈、非常醒目的牛眼模式。它们只有微弱的香甜味，或者无味。它们能提供的最重要的回报是花粉，但有些花也会把花蜜分泌到中空的杯状或槽状物中。

环境顾问豪科斯伍德（Trevor Hawkeswood）独自在澳大利亚灌木丛中工作，观察并收集吉丁虫科（Buprestidae）甲虫、长角甲虫和圣诞甲虫。在初夏时节，这些昆虫喜欢吸食桃金娘科薄子木属（*Leptospermum*）植物、桃金娘科桉树属植物或者桑寄生科澳洲圣诞树（*Nuytsia floribunda*）上中空花朵里的花蜜。通常，许多甲虫也会蜂拥到碟子形的花朵上，像猫一样舔食碗中的流质食物。澳洲的某些甲虫中有些品种的切割口器已经被适于舔食香甜流质食物的口膜所代替。

有人描述过南非数十种俗称为"猴甲虫"（只限于金龟子科霍普林族［Hoplini］的甲虫）的不同物种的口器，认为其中存在类似的改变。这些动物似乎有很强的色觉，它们浑身的毛上零星沾着一些花粉粒，看起来就像长满粗毛的腋窝喷上了灿烂的金属漆。显然，每只昆虫都能识别同一物种诸个体的颜色模式，但是从科学上怎么知道一只甲虫是否能够看到花朵的颜色呢？

以色列海法大学的达夫尼（Amots Dafni）博士和他的同事研究了海法附近绒毛金龟科花金龟属（*Amphicoma*）[1] 甲虫。这些昆虫总是大嚼野罂粟、郁金香、银莲花属和毛茛属植物的花粉。在中东，这些野花通常有红色或者橙黄色的花瓣。达夫尼博士发现这些甲虫会毫不迟疑地进入红纸杯做成的假花，或者小孩子在沙滩上玩的小提桶——只不过是由红–橙色塑料制作的。

在以色列和南非，那些由甲虫传粉的花朵很容易识别，因为它们的花朵上生长了"甲虫标记"。所谓甲虫标记，是指一些外面由浅色区（特别是由红色、橙色、黄色或淡紫色）包围的黑点或者斑块。天鹅绒般的暗色斑块指示甲虫哪里有丰富的花粉和花蜜，用来引诱它们爬到花朵的心脏部位。当然，甲虫会因此稀里糊涂地摩擦到雄蕊和柱头。

有一点是确定无疑的。生态学家已经开始认识到，这些甲虫能够协助范围广泛的植物共同体生产种子。在南非的沙质荒野上，"猴甲虫"能为每年从地下鳞茎和块茎长出来的全部野花中的三分之一传粉。据一个对横跨马来西亚沙捞越谷地（valleys of Sarawak）的茂密低地丛林进行了研究的日本林业团体估计，所有乔木、木质藤本和草本植物中有20% 要求有不同的甲虫为其传粉才能结果实。它们的花朵欢迎象甲科（Curculionidae）甲虫，回报隐翅虫科（Staphylinidae）甲虫，供养叩甲科（Elateridae）甲虫，招待露尾甲科（Nitidulidae）甲虫。

甲虫传粉方式多种多样，现在许多植物学家认为，已经到了更仔细观察花朵与真蝇相互作用的时候了。这些昆虫受到媒体有偏见的描述，

---

[1] 法国博物学家 Pierre André Latreille（1762—1833）于 1807 年命名的一个属。

对它们的学术研究也有片面性。当然，我们承认许多蝇生产出的蛆会啃食开花植物的鳞茎、花苞和果实。不过，在双翅目下有 80000 个物种，可以期待的是，长翅成虫对食物的口味与它们的孩子通常是不同的。

关于蝇传粉的文献也分成了不同的流派。有一小部分科学家对外形酷似长了毛的腐肉块、并且散发着极强恶臭的奇特花朵十分着迷。开出这种花朵的植物，主要能利用丽蝇科昆虫、粪蝇科（Scatophagidae）昆虫、菌蚊科（Mycetophilidae）昆虫和大群的蝇科（Muscidae）昆虫的植物。这样的花朵色彩较深，颜色上趋向于突出紫黑色、砖红色和阴森的紫色色调。而它们的气味主要为刺鼻的粪臭味、有机质的腐烂味和长了蘑菇的堆肥味。查找老旧的野花图书，你会看到美国的博物学家曾经把百合科无柄延龄草（*Trillium sessile*）和直立延龄草（*T. erectum*）称作"恶臭本杰明"（stinking Benjamins）。

主要由食腐蝇传粉的花朵，其花蜜可能成为已怀孕昆虫的目标——这些昆虫正准备将卵产在动物的死尸、粪便上。萝藦科豹皮花属的许多植物通过分泌富含氨基酸的花蜜来模仿腐肉。食腐蝇和蚊通常与大花草科（Rafflesiaceae）、檬立木科（Monimiaceae）、马兜铃科、萝藦科、天南星科的成员相联系。热带和温带的某些兰花也是由食腐蝇来传粉的。兰科石豆兰属（*Bulbophyllum*）植物的某些小花上经常长有毛状紫斑，它们的臭味使·些养花人想起尿液。

食腐蝇和食粪蝇非常普遍，以至于许多投机的路边花物种会释放一些化学物质来吸引这些昆虫的注意力。如果你采集一些花放在瓶子里，你就会明白蓝瓶蝇和粪蝇为何要从牛眼状法国菊（*Chrysanthemum leucanthemum*）那里吸食花蜜了。在封闭的空间里，这种雏菊散发出的臭气，好似外表涂了一层蜜的鲜牛屎散发的味道。

从 20 世纪 20 年代起，一小部分研究人员已经发现，在花朵没有怪异颜色和刺鼻臭味的情况下，苍蝇也照样会卖力地传粉。来自菊科、鸢尾科、牻牛儿苗科（Geraniaceae）和梧桐科（Sterculiaceae）的许多花朵用香甜的味道招待苍蝇，它们的蜜腺指示采用了更明快、更透亮的色彩组合。这些花朵吸引众多苍蝇只有一个简单的理由：苍蝇与甲虫不同，它们多数缺少能咀嚼的口器，所有的营养都是靠吸食流质食物、极细小的颗粒或两者的混合体得来。记住，即使在蚊子和虻叮咬我们的皮肉时，它们也只吃液态的血浆和在显微镜下才能看得见的微粒。因此，数百种植物物种主要靠苍蝇传粉，这是因为数千种苍蝇物种喜欢花蜜或花粉这样直接而简单的饮食。

食蚜蝇科（Syrphidae）的食蚜蝇一定是所有花蝇中最容易观察到的一种蝇，因为它在几乎每个大陆都有分布，体型也较大。有的食蚜蝇腹部装饰有棕色、黄色的条纹，因为这一点，常有人把它误认为是小蜜蜂。在南半球，食蚜蝇每年春天聚集成金色的种群，以金合欢树、韭叶兰属（Prasophyllum）植物和桃金娘科（Myrtaceae）植物的许多成员为食。在美国和欧洲，它们是柳叶菜科露珠草属（Circaea）、玄参科婆婆纳属（Veronica）、白花丹科海石竹属（Armeria）、菊科三肋果属（Tripleurospermum）、菊科紫菀属（Aster）植物最重要的传粉者之一。

欧洲的一种食蚜蝇名叫长尾管蚜蝇（Eristalis tenax），也称蜂蝇，它长着带毛的舌头，这使得它能够区别对待花蜜和花粉。看到黄颜色时，它本能的反应是把舌头伸出来，因为黄色是含油脂的花粉和某些花瓣上带斑块的蜜腺指示中最常见的颜色。

要观察到最壮观的苍蝇，可能只限于南非气候较温暖的地区。虽然具体原因还不十分清楚，但自然选择已经促使某些南非苍蝇进化出比身体长许多倍的口器。这种现象最有可能在晚冬到早春这段时间观察到，这个时候网翅虻科（Nemestrinidae）和虻科（Tabanidae）昆虫开始出现。网翅虻在飞向目标的过程中，把舌管卷曲在两腿间。这是一项重要的生存策略，因为长舌虻（*Moegistorhynchus longirostris*）长着 10 英寸的长舌，而用来支撑长舌的身体只有 3.5 英寸长。而长吻虻（*Philoliche gulosa*）的舌头长度只有身体的两倍，在战斗中必须保持伸直状态，俨然一杆标枪。

　　长舌虻的吻太硬，无法舀取花粉来吃。它们会短暂地落到花瓣上，

上图：长舌虻（*Moegistorhynchus longirostris*）把长长的喙向下伸到野生唐菖蒲的花管当中，准备汲取花蜜。注意，在花的下部花瓣上的颜色对比明显的蜜腺指示。曼宁（J. Manning）绘制。下图：长吻虻（*Philoliche gulosa*）是一种吸食花蜜的虻，它的舌头处于完全展开的状态。史蒂文斯（D. Stevens）绘制。

但翅膀仍不停地扇动，它们把舌头深深地伸入到花管和距中吸花蜜。在南非，长舌虻和长吻虻为一些兰花、鸢尾科短丝花属（*Lapeirousia*）植物、鸢尾科唐菖蒲属（*Gladiolus*）植物、牻牛儿苗科盆栽天竺葵属（*Pelargonium*）的野生亲缘种传粉。

这些昆虫有极好的颜色感知能力。网翅长舌虻和长吻虻喜欢紫花和带紫色边缘的花，而另外一些长舌虻则喜欢奶油色背景上的红色斑块。对不同颜色的偏好可以减少不同蝇种采食花蜜时的竞争。

蝇类能够忍受阳光很难照到的潮湿环境，也能忍受极端天气。相比之下，在同样环境下小蜜蜂通常行动迟缓，或者通常看不到它们。我已经提及在多雾的科罗拉多山坡林地中花朵通常由蝇类传粉，不过蝇类传粉在美国东部森林地区也很常见。在那里，春寒料峭，清晨花芽面对昏暗、湿润的腐殖土缓慢打开。在南非，湿润、凉爽的冬季既有利于长舌虻出没，也有利于长着细长管状花的草本植物开花。

赤道附近的低地森林有着漫长的雨季。在那里，只有一丝阳光能透入森林的地表，一些较小的乔木和热带灌木只能在树冠下闷热、潮湿的环境中开花。身体只有几毫米长的真蝇更喜爱这种环境。

没有这些昆虫，我们就不可能有巧克力。可可（*Theobroma cacao*）和相关物种都是梧桐科植物。可可树每两年开一次花，它们要靠双翅目蠓科（Ceratopongonidae）和瘿蚋科（Cecidomyiidae）昆虫传粉。虽然可可的人工栽培实践已经进行了数千年，但是多数可可树仍然需要野生传粉者来帮忙。

花朵在清早接收到花粉时，可可种子最容易发育。但问题是，多数可可花能够识别并拒斥自己的花粉。交配的遗传规则如此严格，以至于一棵树通常也拒斥同一排树木中其兄弟树上的花粉。那些不稀罕四处游荡的小蠓之劳苦的果农，最终会发现，他们渴望的可可收成会泡汤，因为种子长不成。

植物学家杨（Allen Young）认识到，丰产的可可种植是一种"肮脏"的种植，因为果农必须模仿热带森林的腐败环境，以取悦于蝇类昆虫。必须把堆肥和腐烂的香蕉茎秆放置在可可树下，为蠓之类的小昆虫提供住所，以便它们的蛆虫在里面繁育。也可以在地上放置一些发霉变质的水果，因为成体虫瘿喜欢吃真菌孢子。

杨发现，新繁育出来的年轻可可树结出的果实较少，因为它们缺少蝇类喜欢的野生可可树周边环境的一些关键特征。有些新繁育的可可树开花时，多数蝇类还处于蛆虫阶段。蠓类总是喜欢野生可可属植物的花朵，它具有一种霉臭的、几乎刺鼻的气味，但是新繁育的植株开的花则气味平和，而蠓类对此不屑一顾。由于这个原因，了解可可基因秉性的果农必须永远记住，一定要创造一种很能迎合传粉者需要的环境。

虽然不同动物忽视花朵、糟蹋花朵以及为花朵传粉的差别并不是很大，但是这些差别关乎自然多样性和人类的经济利益。因此，我们也许要转变观念，不要再把蝇和甲虫仅仅看作大自然中肮脏龌龊的东西。只要我们记住了绿头苍蝇所担当的重任，就应当恰当地说，这些动物虽然缺少悦人的华丽外表，却比蝴蝶更应当得到欣赏。

飞蛾之吻，请先来！
吻我吧，宛如你使我相信
你并无把握，这个傍晚，
我的脸，你的花，如何已皱起
那些花瓣；于是，你到处
擦抹它，直到我开始领悟
谁喜欢我，我遂心花怒放。

——勃朗宁（Robert Browning，1812—1889）《在平底轻舟上》（In a Gondola）

第十一章
精神分析与小夜曲

　　蝴蝶巢室落户于世界各地的大型商场、城市公园、动物园和植物园之中。人们透过笼子，观赏这些五彩缤纷的昆虫时，实际上为此支付了许多钱财。撇开旅游收入不谈，我们为什么要人工养殖这些自以为是、生长迅速的鳞翅目昆虫？

　　回答是，被囚禁的蝴蝶并不理会观光客，而是忙于吸食花蜜，尽可能不虚度最后的好时光。观察这些处于监禁状态的昆虫，大大方便了观光客。诗人认为，它们是一些毫无目标、十分懒散的生物。美国女诗人狄金森（Emily Dickinson，1830—1886）把蝴蝶的飞舞比作上流社会的人们无目的的瞎转。不过，我们的囚犯似乎认定了，在死亡之前，一定要探索完每一朵百日草。在野生环境下，因为有广泛得多的进食点可供选择，同一种昆虫游荡的面积也许会更广，行踪更加变幻莫测。它们在地表飞舞，直到找到自己中意的花朵，才会伸展开卷曲的长吻。

一个有灵气的作家把昆虫采集花蜜视为救赎的象征，宣称蝴蝶为花朵提供了希望。这一隐喻在西方文明中可以找到根据，因为"*psyche*"这个古希腊词，意思是蝴蝶和人类心灵。古代的象征在现代医学和植物学语言中仍然得以保存。心灵有麻烦的人会去看精神病医生，而蝴蝶会造访"蝶喜"（psychophilous，来自希腊语，意思是"蝴蝶喜爱的"）花朵。

"蝶喜花"有哪些独特之处呢？对蝴蝶传粉的细致研究始于19世纪，到了20世纪50年代，科学家已经得出结论，相比于其他昆虫而言，有些花朵更偏爱靠蝴蝶来为其传粉。蝶媒花（butterfly flower）[1]在白天保持开放，并释放出香味。它的花瓣倾向于呈现明亮的颜色，特别是淡黄色到红色、淡紫色和某种蓝色。更重要的是，蝶媒花直立在茎上，花朵一般呈结实的漏斗状或管状。在漏斗的外沿上有足够的空间供昆虫舒适地栖息。攫取花蜜是件麻烦事，要通过又长又窄的通道，只有长而细的舌头才派得上用场。植物学家注意到，花朵的某些性器官有时伸到了花筒外沿上面。当蝴蝶采蜜时，它的头部或身体被刷上了花粉，或者碰到等待接收花粉的柱头。

随着对蝴蝶传粉兴趣的增加，植物学家已经认识到惊人的新真理。从20世纪60年代开始的野外研究已经证明，比较起来，只有很少的一些开花植物是完全由蝴蝶来传粉的。当然，科学家仍然认同前面章节中

---

[1] 本章中"蝴蝶花"指由蝴蝶来传粉的花，我们这里把它译为蝶媒花。我们知道，鸢尾、三色堇等也叫"蝴蝶花"，这里不是这个意思。下文提到的"夜蛾花"，情况与此类似。

上图：小翅蛾科（Sabatinca）的蛾子缺少卷曲的舌头去吸食花蜜，但它能传播花粉并磨碎花粉。吉布斯（G. Gibbs）摄影。下图：注意，当这只粉蝶科（Pieridae）黄蝴蝶从菊科短毛菊属（*Brachycome*）植物花头上的管状花中吸食花蜜时，有多只内折呈高跷状的腿将它的身体支撑起来。霍克斯伍德（T. Hawkeswood）拍摄。

提到的马鞭草科马缨丹属植物、葫芦科火藤矮瓜属（*Psiguria*）藤蔓植物需要蝴蝶这样的传粉者。这个表单还可以加上某些北美的罗布麻属（*Apocynum*）、舌唇兰属（*Platanthera*）、福禄考属（*Phlox*）、欧洲野生的石竹属（*Dianthus*）、亚洲的醉鱼草属（*Buddleja*）植物，以及其他一些植物。不过，随着证据的持续增加，有一点也变得越来越清晰：蝶媒花中的大多数也同时依靠范围广泛的其他昆虫来传粉。能够吸引蝴蝶的同样的花朵构造，也能吸引其他许多种动物。当不同的昆虫以同样的花朵为食时，样子丑陋的蜂和蝇则做了最"艰苦的工作"，虽然观察者倾向于把这份功劳全都记在外表华丽的蝴蝶身上。

有两个相互关联的原因可以解释为什么许多蝴蝶可能是无关紧要的或不可靠的传粉者。首先，这些昆虫大多数身材纤细，长着长腿，在进食时两翼向上翘起。它们的身体太轻盈，角度也不合适，因而不能与花朵的性器官进行充分的接触。在澳大利亚北部工作的霍克斯伍德（Trevor Hawkeswood）发现，当蝴蝶在金合欢属植物的花头上飞舞时，它们的桨叶状腿将身体托起，使身体远高于小花中性器官的顶端。

第二，蝴蝶翅膀上的鳞片起着太阳能板的作用，可以吸收太阳能。当蝴蝶能晒到太阳时，它们不需要像其他昆虫那样，完全靠吸食花蜜来聚集能量。因此，在野外，蝴蝶采食花蜜时挑肥拣瘦，下一次造访哪　朵花很不确定。事实上，当一些蝴蝶需要重要的矿物质和蛋白质时，它们可以不以鲜花为食物来源。这些昆虫会光顾小的泥水泡、粪堆、树液或正在发酵的水果，从中汲取营养。蛱蝶科（Nymphalidae）的一种长着刷毛腿的热带蛇目蝶（hamadryads）经常从正在枯萎的紫草科（Boraginaceae）成员的花朵上采蜜，因为腐败的液体中包含有用的毒物。雄性蛇目蝶用这些毒物来标记领土范围，雌性则把它们喷散在卵上，以防止捕食者前来糟蹋。

蝴蝶平静地造访花朵，几乎不可能携带任何花粉。在瑞典，林地中白色的黑点粉蝶（*Leptidea sinapis*）造访的花朵中百分之九十是堇菜科野生堇菜属植物的两个种和豆科高山山黧豆（*Lathyrus montanus*）。黑点粉蝶光顾这些花朵，但很少携带三粒以上的花粉。

不过，指责所有的蝴蝶对于传粉都不在行，就如同指责所有的精神病医生对于治疗都不在行一样。科学家已经认识到，不同蝴蝶物种作为花粉携带者所起的作用是不同的。比如，英国科学家捕到玳瑁壳蝶（*Aglais utricae*），发现它的头毛中储存有数百粒花粉，这些头毛生长在数百枚小眼面之间，而小眼面构成了昆虫的复眼。在美国，粉蝶科豆粉蝶属（*Colias*）蝴蝶用口器携带大团的福禄考花粉。被称为"巴巴多斯的骄傲"的洋金凤（*Caesalpinia pulcherrima*）是一种栽培物种，在热带许多国家都作为装饰树种植。其花朵上的性器官很长并且弯曲，当蝴蝶吸食花筒中的花蜜时，它们会摩擦到这种大个头蝴蝶宽阔鳞翅的后下部。"巴巴多斯的骄傲"花粉粒上有用显微镜才看得见的细线，它们将花粉松散地捆绑在蝴蝶的翅膀鳞片上。显然，一些花朵的进化反映了某种适应性，这种适应性能够弥补蝴蝶形态与行为中的天然缺陷。

在世界上个别地区，蝴蝶传粉是循规蹈矩和极其特化的。南非开普敦大学约翰逊（Steve D. Johnson）博士和邦德（William J. Bond）教授怀疑，在南非山地美蝴蝶（*Meneris tulbaghia*）为多达二十几种从夏天开到秋天的鲜红色野花单独传粉。山地美蝴蝶对红色信号十分敏感，曾有背包客报告，这些昆虫从空中成群地扑下来，"仔细端详"他们的红帽子和红袜子。相比之下，非洲的蜜蜂和太阳鸟对这些植物的传粉起不了什么大作用，因为它们只取食花蜜而不携带花粉。景天科青锁龙属满堂红（*Crassula coccinea*）与鸢尾科唐菖蒲属植物、石蒜科垂筒花属（*Cyrtanthus*）植物、石蒜科纳丽属（*Nerine*）植物、百合科把莲属火炬花（*Kniphofia uvaria*）等，都能分享山地美蝴蝶的传粉劳作。对达氏翠凤蝶（*Princeps demodocus*）的观察发现，虽然它是夏季野花的一种传粉者，但它偏爱蓝色的花朵，拒绝与主要采食红花分泌的花蜜的山地美蝴蝶相竞争。

花朵与鳞翅目昆虫中的另一大类——真蛾之间的关系甚至更密切、更微妙。蛾在进化史上很早就与花朵发生了关系，化石证据显示蛾出现的时间要比蝴蝶早数百万年。这有助于解释为何在大自然中蛾传粉比蝴蝶传粉更普通、更常见。

蛾身体趋向于更宽、中部更突出，腿较短，翅膀悬挂于身体两侧。因此，与蝴蝶相比，蛾的身体更容易接触到花朵的性器官。博物学家在研究蛾传粉时所体验到的主要困难是，许多过程都发生在夜幕降临后，因此一些最有趣的相互作用很难观察。

幸运的是，许多种类的蛾子在白天也仍然保持活跃。由这些蛾传粉的花朵在颜色、气味和形状方面与蝴蝶传粉的花朵基本一致。事实上，尽管蝴蝶和昼蛾经常在同一"饲料槽"中进食，但它们对同类花朵传粉的贡献是不一样的。

在19世纪60年代，达尔文接收到一盒用针固定的鳞翅目螟虫标本，这时他就注意到，蛾与蝴蝶之间存在劳动分工。这些蛾和蝴蝶全都是由同一个人在白天开花的倒距兰（*Anacamptis pyramidalis*）花朵上用网采集到的物种。由于兰化以成对的块体释放其花粉团，对达尔文来说就比较容易看出哪种类型的昆虫携带了最多的"货物"。盒子里每个蝴蝶标本的舌头上最多携带了2到3对兰花花粉。作为对照，淡灰肩夜蛾

（*Acontia luctuosa*）的舌头上携带了 7 对花粉，而逸夜蛾属（*Caradrina*）蛾子竟然携带了 11 对。当时这给达尔文留下了很深的印象，他还绘制并出版了一幅淡灰肩蛾的遗像。

蛾子在传粉中所起作用被低估的另一原因在于，这些昆虫容易与别的动物搞混。比如在许多野花上都能找到欧洲斑蛾属（*Zygaena*）伯内特蛾（Burnet moths），但是人们通常把它们误认为蝴蝶，因为它们都长着带有红色或黄色小点的绚丽黑翼。在美国，人们有时会把蜂鸟蛾（*Hemaris*）误认为蜂鸟，因为它们也有结实的身体，并且能够像鸟一样快速飞行以及在空中悬停。

更重要的是，一些博物学家并没有意识到，许多蛾子生长成有翅成虫时还需要进食。喜欢饲养天蚕（cecropia moths）、长尾水青蛾（luna moths）和其他大蚕蛾科（Saturniidae）蛾茧的小孩都知道，新出茧的蛾子缺少功能性口器，它们活着只为了交配和产卵。不过，令人吃惊的是，其他种类的蛾子为了吃喝竟然可以到处游走。

比如，在澳大利亚东部，春天候蛾（*Agrotis infusa*）刚破茧而出，就渴望着采集花蜜。这些昆虫必须持续寻找花蜜从而获得维持它们飞越山峰、夏季休眠以及躲避低地平原数月的炎热干燥所需的能量。在疯狂振翅飞往高地的过程中，它们有时迷了路，会在凉爽的房屋中避难，这给悉尼的家庭主妇带来许多烦恼。为了寻找营养，另外一些种类甚至要飞更远的距离。在非洲北部，银丫夜蛾（*Plusia gamma*）也是早春就破茧而出，但它会在五月份迁离家乡，飞越地中海，到欧洲的草地上采食花朵。

最原始的蛾子有着与造访花朵的甲虫和蟑螂类似的进食习惯。小翅蛾科（Micropterigidae）昆虫由一些较小的蛾子构成，它们直到长成有翅成虫仍然保留着咀嚼器官。它们的面部甚至长有能来回刮擦的触须，可以从花药囊上把花粉"撬"下来。在太平洋的新喀里多尼亚（New Caledonia）岛上，小翅蛾科祖蛾属（*Sabatinca*）蛾子随着合蕊林仙属（*Zygogynum*）树木的开花而行动。这些昆虫集合到新开放的花朵上吸食柱头上的蜜露，或者集合到老花上吃自然界中最油腻的花粉。花粉很黏，会成团粘在蛾子的身体鳞片上。当这些昆虫前往下一株树上"考察"年轻花朵时，就为花朵进行了交叉传粉。祖蛾的体长不足四分之一英寸，因此每朵开放的花朵都为它提供了一个宽阔的平台，在这样的平台上雌雄昆虫可以舞蹈和交配。两种性别的蛾子对合蕊林仙属植物的花朵气味都有反应，花朵散发的信号能让蛾子在同一块茂密森林中同一地点会合。

夜蛾是冷血昆虫，不可能像白天飞行的蝴蝶那样利用阳光中的能量。蛾子在夜晚成功进食，部分是依靠晚间空气中的余温。正因为此，在炎热、潮湿的热带比在凉爽的温带地区能更经常地记录到蛾子传粉。这也解释了为什么某些沙漠植物和地中海植物——如石蒜科西班牙水仙（*Narcissus viridiflorus*）以及许多白花菜科山柑属（*Capparis*）植物——会延迟到夏末和秋初开花：那时节沙漠在早晚时段炎热、潮湿。

在英格兰寒冷的森林中已经发现这一规则的重要例外。昆虫体温研究专家海因里希（Bernd Heinrich，1940—　）教授研究了小猫头鹰蛾，如荷米娜翅夜蛾（*Lithophane hemina*）和一些冬夜蛾属（*Eupsilia*）物种。这些动物体内携带了一种类似"防冻液"的生化物质，所以它们在11月份的冷天里仍然保持活跃，狼吞虎咽地吃着金缕梅科金缕梅属（*Hamamelis*）植物的花蜜。休眠的小猫头鹰蛾隐藏在树皮里，熬过数月的冰雪天气，等冰雪消融后，它们就会造访开花的杨柳科褪色柳（*Salix discolor*）。

由夜蛾传粉的植物，通常会开出特别香的花朵。我们的鼻子远在眼睛看到花朵之前就能率先闻到它的芳香。这种芳香在夜晚一阵一阵地散发，使我们很容易辨别出邻居家后院里种植了茉莉花或是金银花。千百年来，夜晚开放的花朵的精油，一直是香水行业的宠儿，但许多夜花气味很重，闻起来并不惬意。某些业余爱好者坚持认为，夜晚开花的兰花香味使他们想起捣碎的新鲜青豆的味道，或者其他蔬菜汁的味道。在新几内亚炎热的低地地区，某些威莱雅（Vireya）杜鹃花就是由夜蛾传粉的。当夜晚来临时，它们释放出一种气味，颇像一种治疗消化不良的非处方药物的香味。在密苏里的家里，我喜欢在日落后浇灌花园，因为我的天香百合（*Lilium auratum*）散发出香荚兰和香皂的味道，使人想起女人用草本洗发香波洗过的秀发。

有得必有失，夜蛾花（即靠夜蛾传粉的花）气味芳香，颜色上就差了点，对人眼而言它们通常呈白色、奶油色、象牙色。人们曾猜测，蛾子在夜间飞行中借助月光只能看到花朵的暗淡图像。不过，进一步的考察揭示出，这些发白的花朵应当也可以凭借其独特的色泽而得到赏识。瞧瞧兰科夜马兰（*Brassavola cucullata*）[①]的金绿光泽，茄科某些木曼陀罗属（*Brugmansia*）植物瓣端的黄白色斑，或者白花菜科山柑属植物和石蒜科某些沼泽文殊兰的性器官上的紫红色泽吧。

夜蛾花的大小和形状倾向于反映出为其传粉的昆虫的大小和进食行为。野外生物学家区分了由"驻留型"蛾子传粉的花朵和由天蛾科（Sphingidae）的天蛾和鹰蛾传粉的花朵。"驻留型"包括大部分身材较小、夜间飞行的蛾子，它们搜寻花蜜时会栖息在花朵上，在花朵的性器

---

① 也有叫它"烟火"的。

上图：蛱蝶科斑马蝶（*Heliconius charitonius*）从葫芦科火藤矮瓜藤上的雌花上采蜜。**下图**：由蛾子传粉的花朵的相对长度。左图为柳叶菜科长果月见草（*Oenothera macrocarpa*），也叫夜来香。右图为忍冬科金银花。梅尔斯绘制。

官的上、下和之间来回爬行，并用身体、腿和斗篷状的翅膀运输花粉。由"驻留型"蛾子传粉的花朵比较小，形状像刷子或短而直立的漏斗。这些小花通常聚集在一起，开在花枝的末端。比如，含羞草科的墨西哥成员萨波特克属（*Zapoteca*）植物长着密集的灰白色花丝，正好让那些蛾子驻足其间。

鹰蛾和天蛾体型较大，飞行肌强壮，长着长长的舌头。这些蛾子悬停在半空中吸食花蜜。这些昆虫在飞行中要消耗大量能量，因此它们偏爱比多数蝴蝶造访的那些花朵蔗糖含量更高的花朵。不过，完全由鹰蛾传粉的花朵，也会限制昆虫身体的进入。悬停在空中的鹰蛾只能将头部伸进花朵，花朵的性器官只与昆虫的口器、"前额"和眼睛接触。

鹰蛾是人型昆虫，在飞行当中进食。由于这个原因，它们经常造访从茎干上水平伸出的较大的、孤立的花朵。这种花朵使我想起一支管弦乐队中的木管乐器部和铜管乐器部。在白花菜科山柑属、石蒜科全能花属（*Pancratium*）、茄科烟草属（*Nicotiana*）、花葱科吉利草属（*Gilia*）植物和忍冬科香忍冬（*Lonicera periclymenum*）的花中，很容易看到"单簧管和萨克斯管"。

相比于鳞翅目其他昆虫而言，鹰蛾是热带栖息地和干旱地区一些最大型花朵比较可靠的传粉者。这些"大号和萨克斯管"包括马达加斯加的彗尾兰属（*Angraecum*）植物和许多藤本仙人掌属植物的花，也包括茄科曼陀罗属（*Datura*）、木曼陀罗属一些著名植物的花。

考虑到传粉者进食的方式，鹰蛾花长着奇特的花筒也就不难理解了。与上一章讨论到的长舌虻类似，有些鹰蛾长着比身体还长许多的舌头。南美洲的天蛾科巨翅蛾属（*Cocytius*）一个种的长吻（口器）和马达加斯加的斯芬克斯天蛾的长吻几乎有一英尺长。

这些昆虫在悬停状态就可吸到花蜜，所以长着长吻的蛾子，头部不需要碰到花的雄蕊或柱头，就能盗取花筒较短的花中的花蜜。达尔文发现，多数靠鹰蛾传粉的花朵的花筒和距，都比这些蛾子最长的舌头要稍长一些。花蜜隐藏在距的末端或者长长的花喉基部，于是昆虫被迫把头撞击到花朵上，才能得到奖赏。当昆虫这样做时，花粉团就粘到它们的眼睛和结实的舌根上。饥饿的鹰蛾动作幅度较大，朝着花朵横冲直撞，导致某些鳞片掉落在花瓣上。

在美国，柳叶菜科月见草属（Oenothera）中约有 80 个种是典型的靠鹰蛾传粉的植物，这类植物通常被称作"夜来香"、"振翅风车"、"牧羊人蒲公英"。这些野花的栽培品种花型像小喇叭，喇叭筒的外沿呈白色、淡黄色或者粉红色，从 20 世纪 80 年代末开始作为假山园造景中的一种多年生植物变得非常流行。不过，在 20 世纪的头二十多年里，它们被作家和中学教师当做"鹰蛾花"的极佳例证，因为它们既典型又常见，路边到处都有。许多夜来香品种的花苞在黄昏时迅速打开，到第二天上午就凋谢、枯萎了。这些花朵赋予了早期描写大自然的作家一种浪漫气息。在 1900 年，布兰恰（Neltje Blanchan, 1865—1918）写道："白天，我们在尘土飞扬的乡村马路边遇见夜来香，它就像夜总会散场后的舞女，精疲力竭、衣衫不整。……但是日落以后，它的花苞缓慢、羞涩地渐次打开。……此时，它芳香四溢，充满活力。"

在美国加利福尼亚、堪萨斯和密苏里进行的现代研究证实，许多鹰蛾与一定种类的夜来香之间存在相互依存的关系。不幸的是，珍稀植物与常见的蛾子之间的关系似乎变得紧张起来了，人类应对此负责。

人们喜欢鹰蛾花，并同意它们应当得到保护，自然保育和分区制立法使这成为可能。人们也憎恨吃谷物的烟草天蛾属（Manduca）昆虫，觉得它们应当被消灭，谷物撒粉器和现代杀虫剂使之成为可能。然而，如果允许这些昆虫交配，它们能够发育成某些美国最大的鹰蛾。它们对于稀有夜来香、曼陀罗和某些仙人掌的交叉传粉至关重要。

在美国图森市郊外的亚利桑那－索诺拉沙漠博物馆，布须曼（Stephen L. Buchmann）和纳伯罕（Gray Paul Nabhan）博士提供了令人信服的证据：在美国范围内，最引人注目的一种夜间开花的仙人掌科植物条纹块根柱（*Peniocereus striatus*）种群数量正在减少。生长在靠近墨西哥边境地区的另外一些植物，已很少结出浆果。它们都要求交叉传粉，但是只有很少的一部分曾有烟草天蛾属昆虫光顾。布须曼和纳伯罕把鹰蛾传粉率的下降归结为墨西哥北部地区未加控制的谷物农药喷洒。风将有毒的农药雾滴向北吹去，它可顾及不到为仙人掌和蛾子所划出的领土边界。

在美国加利福尼亚州的安蒂奥希（Antioch），沙矿开采使沙漠夜来香（*Oenothera deltoides*）中的一个稀有亚种分布面积减少到仅剩 12 英亩。作为植物生长地破坏的结果之一，以及随着历史上对杀虫剂的持续使用，烟草天蛾属昆虫和八字白眉天蛾（*Hyles* sphinx moths）已经差不多有 40 年不太光顾此地了。现在交叉传粉的工作，通常是由野蜂完成的。若干碰巧赶上的野蜂清晨会在花间逗留一阵。不过，由野蜂传粉的花朵孕育出的子房中，每十粒种子里只有两粒受精。

你已经了解到，蝴蝶与蝇、蜂和昼蛾一起担当起为花朵传粉的职责。像鹰蛾这样一种特化的昆虫也能与其他昆虫分享传粉的职责吗？更为重要的是，其他造访花朵的动物能够协助"鹰蛾花"结出种子吗？

记住，"鹰蛾花"分泌出很多花蜜，这种美味回报也可以产生一种强力刺激，吸引其他身材宽阔、舌头较长的"乐手"。这种情况是可以出现的：喇叭筒形花朵与鹰蛾之间的关系并非总像表面看起来那样排外。

我可以提供一个小插曲：1992年，我妻子和我作客日本东京周边的一个美军军事基地扎马营（Camp Zama）。一天早晨，我沿一条小径走进一条峡谷，看到了正在开放的忍冬科金银花（*Lonicera japonica*）。在美国，这种引进的藤本植物已经变成一种入侵物种，所以我有兴趣在其原生地仔细检查这种经典的"鹰蛾花"。虽然太阳已经升起数小时了，金银花的芳香依然浓烈。

我没有预想到的是，我在花朵上发现了难以想象的昆虫多样性。我没有看到白天飞行的鹰蛾，但是蝇、蝴蝶和蜂可是多极了。个头最大的主顾是美国发现的大个钻木蜂的亚洲亲戚。它们舌头颇长，体格健硕，我确信它们采蜜时确实给金银花传粉了。

不幸的是，没有设备采集并分析这些物种，我没能得到过硬的证据，于是鹰蛾与金银花之间的关系在多大程度上是排外的，这个问题还没有解决。我所拥有的一切，只是在六月的某个独特日子里一幅鲜活的记忆。博物学家的生活中充满了遗憾。你必须时刻告诫自己，永远要随身带着捕蝶网和杀虫罐。

这儿与那儿都没差异，
季节同样与之相伴。
花朵从早开到午，
花瓣火苗般舒展。

野花在林间怒放，
小溪整日流淌。
没有哪只鸟由于耶稣受难，
减少一次叽喳声。

教会的公审与宣判，
对于蜜蜂什么都不算。
他与玫瑰花的分离，
对他似乎才算是痛苦。

——狄金森《两个世界》

第十二章
忠诚与不忠诚的蜜蜂

　　作家让我们相信，蜜蜂与花朵有神交。2400 年前印度的一出剧目，把英雄对少女的求爱比作蜜蜂对花朵的依恋。千百年后，大不列颠音乐厅上的表演者为另一只蜜蜂而歌唱；在金银花凋零许久后，蜜蜂仍然对它保持着忠诚。

　　传统的观念是，男性化的蜜蜂处于主动，引诱女性化的、被动的花朵，很少有哪位诗人挑战这种观念。即使对女性同性恋情津津乐道的英格兰诗人塞克维勒－威斯特夫人（Vita Sackville-West，1892—1962）[①]，也这样写道："因为每只蜜蜂都变成了喝醉了的情人／挺着他的头，啜饮着花朵。"养蜂人的语言也被涂上了浪漫色彩。工蜂设法撕开花苞，以便够得着未成熟的花粉，它们的上下颌在稚嫩的器官上留下了淡棕色的印痕。养蜂人称这些伤疤为"蜂吻"。

据昆虫学家讲，全世界有两万到三万种蜜蜂，我们不可能指望每个种类中的罗密欧都只钟情于一种花朵朱丽叶。来看一下我在美国堪萨斯平原一种含羞草科猫爪含羞藤（*Schrankia nuttallii*）上捕到的皇后野蜂（*Bombus pennsylvanicus*）。它的花粉篮里的猫爪含羞藤花粉粒中混有野蔷薇和柳叶菜科布氏月见草（*Calylophus berlandieri*）的花粉粒。还有一次，在澳大利亚一个雨林中我从五桠果科蛇藤束蕊花（*Hibbertia scandens*）上捕捉到一只彩带蜂属（*Nomia*）蜜蜂，它的头上顶着兰科迪波兰属（*Dipodium*）兰花的花粉团。我经常发现，一只蜜蜂的身体上携带了来自三四种不同科植物的花粉粒，尽管这些植物所开的花在形状、颜色和气味上都极为不同。

没错，有些蜜蜂颇专一，通常只对亲缘关系较近的一类花朵感兴趣。博物学家喜欢称这类昆虫为杂酚油蜂、琉璃苣蜂或刺梨蜂，以此强调它们特化的采食习性。保守的"采购"也可能采取很极端的形式。我们可以看看美国西南部非常普通的潘狄塔属（*Perdita*）蜜蜂这个例

[①]　她的名字也写作 Victoria Mary Sackville-West 或 The Hon Lady Nicolson。她是诗人、小说家，也是一位园艺爱好者。她的长篇诗歌《土地》赢得了 1927 年的霍桑登奖（Hawthornden Prize）。她是个双性恋者，既有一个男性丈夫也有多位女性情人。

子。与莎士比亚戏剧中的同名女角色潘狄塔①类似，有些潘狄塔属蜜蜂取食非常讲究，只对专门的花朵感兴趣，而对同时开放的其他植物全然不顾。加州潘狄塔蜂（*Perdita california*）只光顾百合科蝶花百合属（*Calochortus*）的三个种。蝶花潘狄塔蜂（*Perdita calochrti*）则更挑剔，只经常光顾西茍百合（*Calochortus nuttallii*）②这一种植物的花朵。

的确，有些蜜蜂的学名就反映了它们对花朵的偏爱。每年春天，美国东部的林地里雌性猪牙花地蜂（*Andrena erythronii*）嗡嗡叫着，忙于收集百合科猪牙花属（*Erythronium*）植物的花粉。在澳大利亚西部海岸，穗花球子树蜂（*Leioproctus conospermi*）在山龙眼科穗花球子树属（*Conospermum*）植物的花枝上交配，然后受孕的雌蜂会采集这种灌木的花粉。

当然，我们对这些辛勤母亲的生活了解得越多，就越会认识到她们的忠诚度常常被夸大。比如荷花蜂（*Lasioglossum nymphaearum*）主要光顾睡莲科睡莲属（*Nymphaea*）植物，但成虫也偶尔从池塘来到干旱的陆地上，造访那里的野花。

前面的章节中主要阐述了花朵与各种昆虫间的重要关系，而现在我想强调这样一个事实：我们生活在一个主要由蜜蜂传粉的星球上。蜜蜂传粉在多数较大的植物科系如豆科、杜鹃花科（Ericaceae）、兰科、玄参科、菊科及其他一些科的传粉中占有重要地位。在当下的科学杂志月刊上，想不看到描述蜜蜂为各类植物——从常见到珍稀——传粉的新论

---

① 在莎士比亚戏剧《冬天的故事》中，潘狄塔（Perdita）是西西里国王利昂提斯（Leontes）与赫米温妮（Hermione）的女儿。

② 西茍百合（Sego lily）是 *Calochortus nuttallii* 的英文俗名，它是一种多年生百合科蝶花百合属植物，美国犹他州的州花。花通常为白色，三次旋转对称。Sego 特指这种百合可食的地下鳞茎。

文，简直不可能。一些博物学家嘲讽传粉生物学，认为其实它应当被称作"蜜蜂植物学"，因为蜜蜂是花朵"长翅膀的阴茎"。

膜翅目（Hymenoptera）昆虫包括蜜蜂，也包括其近亲黄蜂和远亲蚂蚁。正如你将会看到的，黄蜂的传粉非常重要，但在自然界并不普遍；至于关于蚂蚁传粉的文献则相对较少。我们如何测算多数开花植物与仅仅 8 到 10 个科的真蜂昆虫之间惊人的依赖关系呢？

母系身份提供了最好的线索。如第九章中简要讨论的，雌性蜜蜂是少数几乎完全靠花朵提供的食物来饲养后代的昆虫。一些无刺蜂（Trigona）用腐肉或粪便来给婴儿饮食"增加营养"（我们可能想到这会污染它们的蜂蜜），但是花粉和花蜜仍然是将幼蜂饲养为成蜂的整个过程中的基本食物。再回忆一下，有些蜜蜂收集花朵上的油滴来改善婴儿的饮食。在南非、北美和南美，都发现了这样的"收油工"。为了喂养它们的幼虫，它们会从玄参科植物、豆科①刺球果属（Krameria）植物拉坦尼根（rhatany roots）、报春花科珍珠菜属（Lysimachia）植物和金虎尾科蕊叶藤属（Stigmaphyllon）植物的花朵上收获油脂。

真蜜是蜜蜂幼体发育所需的一种精致食物。工蜂吹掉花蜜中多余的水分，增加了营养的浓度。随后，蜜蜂把消化酶、蔗糖酶混在浓缩的糖浆里，以防止其结晶。超市里出售的蜂蜜出现结晶，是因为给蜂匹加热除蜡时蔗糖酶消失了。有些成体蜜蜂也会食用它们的消化酶化合物，以便把花蜜中较大的蔗糖分子破碎成葡萄糖和果糖，使糖分更容易被幼虫消化吸收。不过，只有几百种蜜蜂（真蜂、无刺蜂和野蜂）会生产大量的蜂蜜，保存在公共的蜜坛或蜂巢中，随用随取。绝大多数种类的蜜蜂

---

① 也有人把它算在一个新科刺球果科（Krameriaceae）中，而不是归在豆科当中。

每天只生产极少量的蜂蜜，与花粉混合起来用于制作布丁和面包条。

为了给下一代提供必要的食物，蜜蜂采集花蜜的工作压力远比其他多数昆虫要大。怀孕的甲虫只需喂养自己，而独居的蜜蜂既要喂养自己还要为它永远也不可能见到的孩子制作布丁。根据遗传史、社会等级、实际年龄和群体结构的不同，一只社会性的蜜蜂既要养活自己，可能还要为它的孩子、母亲、成年同胞以及处在幼体期的兄弟姐妹采购食品。

当一种植物的花朵持续不断地有热心的动物来为它传递花粉，这种植物群体显然获得了好处。自然选择青睐拥有最高效蜜蜂传粉者的植物，因为它们的花朵能生产出最多的经交叉传粉而成的种子。

"蜜蜂花"很普通，似乎缺少独一无二的特征。它们多数在白天开花，因为多数蜜蜂喜欢在强烈的阳光下进食。除了药用茄参（*Mandragora officinarum*）和野生及栽培的南瓜属（*Cucurbita*）植物有着刺鼻的臭味之外，这些花朵都有着类似的芳香气味。"蜜蜂花"通常有着明快的黄色或者从蓝到紫乃至紫外的一系列颜色，而红色和橙色不常见。直到 1990 年代晚期，科学家仍然认为蜜蜂是红色盲者，因为早期的实验结果表明，蜜蜂不是忽略鲜红色的模型，就是"忘记"糖水的位置——盛糖水的盘子紧靠粉红纸背景放置。不过，最近在美国和德国所做的实验证实，蜜蜂能够识别红色到橙色的光波。现在，新一代科学家必须解释蜜蜂为何对红色到橙色系列的花朵不屑一顾。

由蜜蜂传粉的植物倾向于把自己的回报系统通过最奇特的花朵形状表达出来。与伺候鹰蛾的颇具特色的喇叭形花朵不同，"蜜蜂花"形状多种多样。确实，有些花朵以简洁的、较浅的碗形花为蜜蜂提供稀释的花蜜。不过，也有一些花朵分泌富含高浓度（高达 35%）可食糖类的花蜜。这些花朵通常迫使蜜蜂在它们的花兜下部、中空的距内或者长长的花喉底部搜寻饮品。最受蜜蜂青睐的花蜜通常隐藏在外表酷似袜偶、摇钱罐、茶壶、毛刷或帆船的机构里。

花朵的形状反映了多数蜜蜂比造访花朵的其他昆虫所具有的一种优势。蜜蜂就像人用一只手上的手指一样，用6条腿探视、操纵花朵的器官。很容易观察到一只野蜂或者一只蜜蜂用前腿从花药上扒拉下花粉。不过，它也可能运用6条腿推拉花的瓣唇和壶盖，以便移开覆盖花蜜的器官，它的腿也可以用来携带花粉。与擅长操纵的蜜蜂一同进化的花朵确实设计得很独特，其结构能谢绝低效率的甲虫、蝇和蝴蝶来探访。

事实上，许多"蜜蜂花"对其他昆虫没有吸引力，因为有时它们根本没有花蜜，要采食花粉也很困难。在北美，野蜂和淡脉隧蜂属（*Lasioglossum*）蜜蜂像老主顾一般忠诚、热情地造访野蔷薇。它们竟然

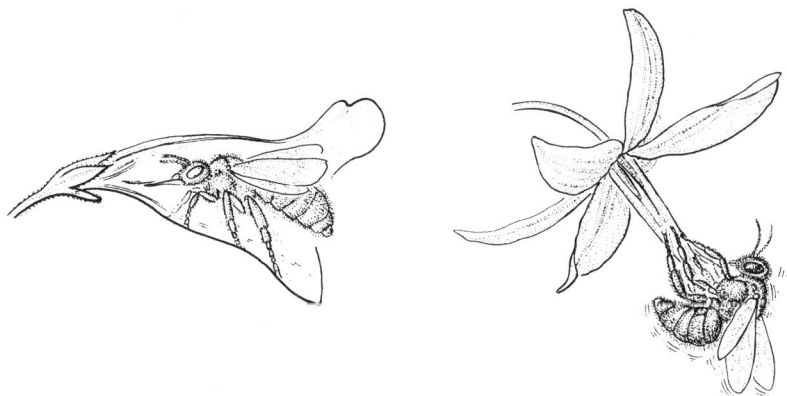

同样的蜜蜂在不同的花朵上收集食物。**左图**：当一只熊蜂（*Bombus*）进入玄参科吊钟柳属（*Penstemon*）植物花筒中吸食花蜜时，她的后背会擦到花朵的性器官。**右图**：百合科圣盖博花属（*Echeandia*）植物没有花蜜。一只野蜂从花药束上摇下花粉，身体直接接触到花朵的性器官。梅尔斯绘制。

会在喝不到一滴花蜜的情况下，梳理每朵花上数以百计的花药。同样的蜜蜂在其他"干燥"的花朵上重复着同样的行为，这些植物包括罂粟科蓟罂粟属（*Argemone*）、罂粟科血根草属（*Sanguinaria*）、毛茛科铁线莲属等。造访无花蜜花朵的雌性蜜蜂，不能实现喂养其后代或年幼的兄弟姐妹这样一种直接的需求。不过，如果一朵花能慷慨提供营养丰富的花粉，就算缺少酒水，也是值得造访的。

最特化的无花蜜花朵具有最简洁的形式。这些花朵开放时，通常低头悬垂在花茎上。花瓣向后翻卷，将成束的雄蕊暴露在外，就像天花板下面装饰的吊灯。每个鼓起的花药就像一个调料瓶，成熟的花粉只能通过末端的小孔或者小缝逃逸出来。这种精致的花朵在茄科茄属和番茄属（*Lycopersicon*）、报春花科流星花属（*Dodecatheon*）、豆科决明属（*Cassia*）和许多百合类草本植物中很常见。为了采集花粉，蜜蜂必须倒悬着，用腿上的爪子抓住花药束，然后通过振动胸部的翅肌来晃动花粉束。观察野蜂在茄属植物花朵上表演这些魔术，你有可能听到它胸腔肌肉发出的高频呜呜声。当它发出高频振动时，花粉云就从花的花药孔中喷出，就像盐粉从调料瓶中抖出来一样。

得不到花蜜中液态能量的好处，还要收集花粉，这听起来是让昆虫耗尽精力的最佳途径。蜜蜂如何还有足够的燃料来通过高频振动"启动"无花蜜的花朵，并返回洞穴或蜂箱呢？在多数情况下，这些昆虫经常要不时中断对无花蜜而富含花粉的花朵的访问，回到花粉较少但能分泌大量花蜜的花朵那里"充电"。我的堪萨斯野蜂从十来种"干燥"的玫瑰上采集花粉，但同时靠着饮用同一块平原上月见草花的花蜜来养活自己。昆虫生理学家海因里希（Bernd Heinrich）在 20 世纪 60 年代和 70 年代早期研究了这种节俭的交替取食系统，他称之为"主修和辅修"

（majoring and minoring）。不同的植物从中获益，因为它们无需重复提供报酬以致消耗资源就能分享共同的传粉者。现在科学家认识到，"主修与辅修"行为并不仅限于野蜂，世界上许多种类的蜜蜂都采取了这样的策略。我在澳大利亚热带雨林捕捉到的彩带蜂属（*Nomia*）蜜蜂，其后腿上也携带有三角形的花粉粒，这表明它在仔细"浏览"兰科白及和五桠果科束蕊花之前，已经造访过盛满花蜜的桃金娘科岗松属（*Baeckea*）植物的杯状花。

当然，这也意味着一同开放的不同野花通常吸引着不同的蜜蜂。靠蜜蜂传粉的花朵实际大小和对称性是不同的，因为蜜蜂的大小变化甚大，在取食的过程中会采用不同的工具。比如，只在印尼摩鹿加岛（Moluccas）可见的华莱士大切叶蜂（*Chalicodoma pluto*），雌性个体的体长超过两英寸。相反，美国的小潘狄塔蜂（*Perdita minima*）就跟这句话末尾的句号一般大。商业蜜蜂大约半英寸长，而按昆虫学的标准来衡量，这已经算较大的蜜蜂了。

多数蜜蜂吸食花蜜时并不能在半空中悬停，于是多数由蜜蜂传粉的花朵装备了这样的设施：花瓣或萼片变形成坚固的降落平台，"跑道"上清晰地印着花蜜引导标记。这就是为什么如此多的兰科植物、玄参科植物、唇形科植物、鸢尾科植物、凤仙花科凤仙花属（*Impatiens*）植物和豆科豌豆属植物的花朵拥有结实的下唇瓣、裙瓣或龙骨瓣。

蜜蜂舌头和其他口器在长度、形态和造型上差异很大，于是分类学家根据这些器官来描述新种，将其分到恰当的科里。短舌蜜蜂的吻通常比它的头短，这使它更适合在较浅的碟形花朵中搜寻花蜜。而长舌蜜蜂由于吻部远长于头部，可以深入到花朵的喉部或者距中吸食花蜜。热带美洲的许多金蜂和兰花蜂（蜜蜂亚科尤氏族［Euglossini］）的舌头都长

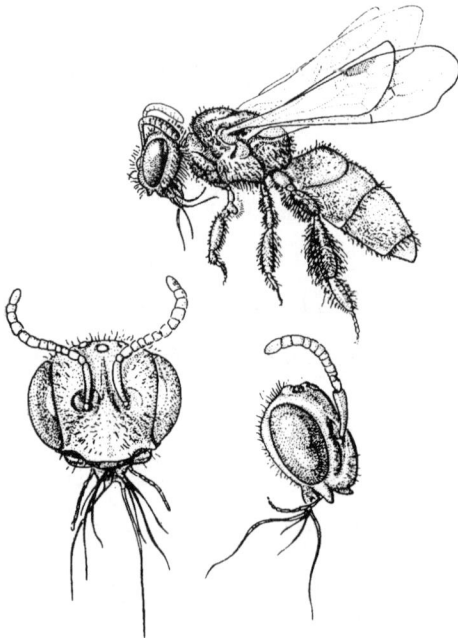

不同的蜜蜂采用不同的设备采食花蜜。上图：无垫蜂属（Amegilla）蜜蜂长着长长的、伸展的舌头。曼宁绘制。下图："傅满州"蜂（Leioproctus filamentosa）的舌头较短，但它能够用拉长的线状触须汲取花蜜。梅尔斯绘制。

于身体。在飞行时，金蜂把舌头依附在身体下部，从三对腿中穿过。

　　无论特化的蜜蜂还是很普通的蜜蜂都共享同样的沙漠、沼泽、大平原和林地，于是某一朵花通常同时受到痴迷而专一的"粉丝"和灵活的机会主义者造访。比如，沿着加拿大水路生长的雨久花科梭鱼草（*Pontederia cordata*）会接待两类不同的顾客。有五种大野蜂喜欢梭鱼草，不过，它们在旅途中也偶尔造访萝藦科叙利亚马利筋（*Asclepias syriaca*）和其他野花。相反，较小的阿氏长角蜂（*Melissodes apicata*）和新英格兰隧蜂（*Duforea novae-angliae*）则钟情于梭鱼草，完全靠它的花蜜和花粉过活。在温暖的晴日，到中午的时候普通食客和专一食客的联合行动就能吃掉每朵开放的梭鱼草花95%的花粉。可是，哪一类消费者是最有效的传粉者呢？

　　有时，特化的昆虫是最好的"媒婆"。虽然许多一般性的甜蜜蜂和切叶蜂科（Megachilidae）的蜂也造访杜鹃花科越橘属蓝莓（*Vaccinium stamineum*）的花朵，但果实基本上是美洲准蜂（*Melitta americana*）传粉的功劳。在美国，南瓜蜂（*Peponapis pruinosa*）是南瓜和小西葫芦最优的传粉者，因为它比普通的商业蜂给雌花携带来了更多的花粉。

　　另一方面，蜜蜂可以变得十分依赖单一种类的花朵，以至于进化成非常狡猾的窃贼。在澳大利亚东部的林地中，"傅满州"（Fu Manchu）[①]蜂（*Leioproctus filamentosa*）几乎完全以山龙眼科佩尔松属（*Persoonia*）植物的花为食物。傅满州蜂舌头较短，但嘴周围长长的髭须由线状的触须组成，它把髭须伸到植物的花瓣中去窃取花蜜。傅满州蜂身材较小，

---

① 本书作者曾在《悉尼评论》1995年4月号上撰写一篇普及性文章"植物侦探：傅满州归来"（The Botanical Detective: The Return of Fu Manchu）。"傅满州"是从1875年起就在西方多部小说和电影中出现的华裔角色，一般留着长胡子。

因此能够不碰到心皮接收端就偷走花粉。相反，芦苇蜂属（*Exoneura*）蜜蜂则交替访问佩尔松属植物、金合欢属植物、菊科植物和桉树属植物的花朵。这些普通传粉者比傅满州蜂贡献更大，因为它们从来不偷盗花蜜，进食的时候总是同时接触到同一花朵的雄性器官和雌性器官。

研究显示，梭鱼草花两面下注。个头大、行动鲁莽的野蜂在花间行动时，比上述两种特化的传粉者携带了更多的梭鱼草花粉。问题是，野蜂是精明的消费者，如果有某种植物能够提供更甜的花蜜和更多的花粉，它们就会抛弃梭鱼草。出现这种情况时，为梭鱼草传粉就成了那些身材较小但更为忠诚的"粉丝"独享的职责了。

在本章的开头，我取笑了表扬"强壮雄性"蜜蜂的文学传统，因为我们知道野蜂和蜜蜂中的工蜂总是不生育的雌蜂。这是否意味着所有传粉的蜜蜂总是雌性的？的确，雄蜂成年后一生当中一直由其姐妹喂养。不过，用这种驰名的懒汉形象来概述所有雄性蜜蜂的生活，就像用好莱坞声名狼藉的名人来表征美国人的道德素质一般。在我们这个星球上，多数种类的蜜蜂，其雄性在长成有翅的成体后，都是自己取食。它们在寻找食物时既造访花朵，也造访愿意接受它们的雌性。标本和野外实验表明，许多种类的雄性蜜蜂也为杜鹃花科蓝莓、兰科韭叶兰属（*Prasophyllum*）植物、桔梗科植物、山龙眼科佩尔松属植物传粉。雄性个体并不为它们养育的幼虫收集花粉，但它们的确吸食花蜜，并且在汲取花蜜时，就会与花朵的性器官接触。

在中美洲和南美洲，关于雄蜂传粉，有大量文献描述。雄性的兰花蜂和金蜂经常为某些无花蜜的兰花、苦苣苔科（Gesneriaceae）植物、树番茄属（*Cyphomandra*）植物和天南星科匙芋叶属（*Spathiphyllum*）植物进行交叉传粉。如第九章所提到的，这些花朵分泌出富含类萜的物质，散发着极为复杂的气味。这些雄蜂剥开花朵的芳香腺，并把它们贮存在后腿上的瓶状鞍囊中。兰花蜂把数种花朵的芳香味调和起来，制造出自己独特的科隆香水。某些富有侵略性的雄性种类可能用这种香水划定领土范围，就像狗撒尿留记号一般。另外，蜜蜂可以通过喷洒香水来吸引其他雄性前来为交配舞蹈助兴，这种场合能够引诱雌性处女加入热闹非凡的单身聚会。

黄蜂虽然是蜜蜂的近亲，但似乎是不靠谱的传粉者，因为雌黄蜂是一种非常有名的猎食者，它们用蜘蛛或者昆虫之类的肉食来喂养幼虫。几乎没有人观察到黄蜂采集花粉。但是要记住，它需要许多能量来与毒蜘蛛和刺毛虫搏斗，所以许多黄蜂偶尔会采食花蜜。少数研究主要靠黄蜂传粉的植物的博物学家相信，这类花有很独到的特征，而这些特征对于多数蜜蜂和蝇并没有吸引力。比如，玄参属植物、火烧兰属（*Epipactis*）植物和西番莲属植物个别种的花朵是绿色的，但有棕色或者脏兮兮的红斑。这些花朵提供富含果糖的花蜜，一些植物采集者坚持认为，其花瓣释放出稀奇古怪的味道，就像甜味中混合了人的汗味或者生肉味、腐肉味。

黄蜂传粉过程中存在一些很独特的关系。雄黄蜂是许多澳大利亚兰花和欧亚兰花的唯一传粉者，这是下一章要探讨的话题。每年春天，百合科贝母属的某些土耳其和波斯贝母巧克力色的钟形花，就会迎来不育的黄夹克蜂（*Vespula*）蜂后的造访，它们在圆木或大石头下面越冬。当释放类似臭肉气味的希腊贝母（*Fritillaria graeca*）开花时，英国的园丁常抱怨黄蜂蜂后侵占了它们的领地。

棒角蜂科（Masaridae）的雌性黄蜂实际上吞咽花粉，并把它储存在腹部一种特别的"嗉囊"里。这种古怪而有效的进食方式是这些黄蜂与原始的分舌蜂科（Colletidae）蜂共同具有的特征。棒角蜂回到地穴，就把花粉粒反刍出来并制作成婴儿食品。据估计，这些昆虫在南非许多野花的生活史中扮演重要的角色。离我们较近的是，加州棒角蜂为玄参科某些钓钟柳属（Penstemon）植物传粉。

桑科榕属（Ficus）植物与榕小蜂科（Agaonidae）的瘿蜂（gall wasps）彼此依赖，形成了高度特化的关系。在我们这个星球上，每800个榕属物种中就有一种必须依靠一种不同的榕小蜂传粉。雌性的瘿蜂在一种多浆、由花朵相连的花柄内部繁育它的后代，这种花柄生长在无花果树的嫩枝上。作为这种养育的交换，雌蜂把花粉带到未成熟的花柄中，倾倒在雌花上面使之受精。受精的花柄成熟后，就变成了膨起的可食无花果。成熟无花果中的"种子"实际上是单个小雌花残留下来形成的一个个果实。

做母亲的黄蜂能促进交叉传粉，它把花粉从产树（birth tree）带到另一个细嫩、绿色的无花果花柄内。每颗受精的无花果只为一家瘿蜂提供住所并供给卵发育所需的营养，因此兄弟姐妹间必须彼此交配。然后每位怀孕的女儿再收集无花果的花粉，前往一株新树上开启下一世代的演化。黄蜂是通过同胞"乱伦"来传宗接代的，但它是重要的媒人，唯有它能确保每个成熟的野生无花果均为两个在遗传上彼此不同的个体婚配所生的后代。欧洲的每个皇室可敢作出同样的声明？

在我们的地球上，蚂蚁的种类要比蜂（bees）和黄蜂（wasps）多得多。不过，研究蚂蚁传粉的文献只涉及一小部分植物，包括几种兰花、沙漠大戟属植物和唇形科中若干具有匍匐茎的种类。蚂蚁很喜欢富含蔗糖和氨基酸的流质食物，那么，植物是不是忽略了一种颇有潜力的传粉者资源？

曾有人推测蚂蚁与花朵的相互关系是不成功的，因为无翅的工蚁既缺少黏取花粉的毛发，也不能从一朵花飞到另一朵花。但是从蚂蚁的解剖特征和行为多样性的角度来看，这一论证并不恰当。不同种类的蚂蚁有着各种各样的体毛，它们甚至通常比某些小蜂和造访花朵的甲虫体毛更多。更有甚者，许多蚂蚁是攀爬高手。正如你在下一章将会看到的，只要足够敏捷并且没有恐高症，它无需会飞就能成为一个高效的传粉者。

澳大利亚科学家安德鲁（Andrew）和比蒂（Christine Beattie）根据 20 世纪 80 年代实施的一些实验对此提供了更好的解释。花粉粒一旦黏到蚂蚁身上，花粉精子就会迅速死亡。工蚁通过身体上一种腺体分泌抗生素，涂抹到自己和幼体身上以进行自然消毒。蜂和黄蜂用防腐蜡、松脂和纸来制作保育室，但蚂蚁必须在脏木或朽木做成的地穴里孵卵。蚂蚁抗生素能够保护它们的后代和成体免受土壤中贮存的病菌或易腐物质带来的疾病困扰。不幸的是，能够治服细菌和真菌的化学物质，对花粉同样也有巨大的杀伤力。

虽说蚂蚁是可以忽略不计的传粉者，但是它们对于维持和保护开花植物的世代具有重要意义。许多种类的工蚁在吃完许多金合欢、春季野花和莎草科（Cyperaceae）成员种子外层新鲜的食物体后，会替植物传播并"种植"种子。还有一些蚂蚁物种能够保护荨麻科号角树属（Cecropia）植物、凤梨、兰花和金合欢的茎干及叶片，从放养昆虫中换取更多食物，或者换取分隔好的中空茎干空间以便建造舒适的巢穴。

如果进化之轨稍稍偏离一点点，我们的歌曲、戏剧和诗歌或许就会出现不同的隐喻。我们或许会歌颂蚂蚁和他的（his）玫瑰，并为小蚂蚁和矮牵牛花抒写赞美诗。

在东方，玫瑰代表着特殊的尊贵。
东方诗人将华美的玫瑰
与有旋律的夜莺联系在一起；
和着夜莺晚间的啼鸣，
那花朵被设想为来自花苞的迸发。

——小福尔卡特（Richard Folkard Jr.）《植物的传说、传奇及诗歌》
（1884）

第十三章
会叫的树

我和妻子在澳大利亚悉尼一个住宅小区的一所安静公寓里住了两年。直到有一天，红花桉（*Eucalyptus ficifolia*）在窗外开花，宁静才被打破。黎明时分，我们被彩虹吸蜜鹦鹉（*Trichoglossus haematodus*）细弱无力的尖叫声唤醒。这些椋鸟般大小的鹦鹉身着华丽的带蓝色条纹的草绿色和橙黄色羽毛。每张磨得铮亮的带弯钩的喙在颜色上呈珊瑚红，里面隐藏着一只手指一般灵活的舌头，上面紧贴了一层毛刷状突起。这些毛刷状舌头能用来吮吸花蜜，并能从红花桉的花朵上拾掇花粉。我们的吸蜜鹦鹉成群飞来，在开满鲜花的红桉树枝头吵闹不已。

夜间情形变得更糟，会有长着橡胶般翼肘的黑幽灵爬上枝头。这些笨手笨脚的幽灵是灰首狐蝠（*Pteropus poliocephalus*），我们的这群蝙蝠会吃吸蜜鹦鹉留下的所有东西。它们长声尖叫着，声音刺耳，我们感觉好像住到了女妖集会中心的隔壁。对夜晚这些声音，我们受够了。

桉树和它的顾客给我上一堂生动的课。有些温血动物几乎完全仰赖花朵食物。这似乎是一种完美的组合。当动物处于清醒状态时，它的新陈代谢需要糖这样的能量物质，来给它的骨骼飞行机器提供燃料。交叉传粉似乎是必定要发生的事情，因为贪婪的动物必定不断寻找并不断吃进食物，否则在一两天内就有可能饿死。与蜂和蛾相比，鸟和蝙蝠似乎是更有优势的传粉者。毕竟，冷血昆虫的活力很大程度上是由空气温度决定的。

既然温血动物传粉如此有效，为何在加拿大和超过一半的美国国土上这种传粉很少见呢？红玉喉蜂鸟（*Archilochus colubris*）是在密西西比河东岸筑巢的唯一花蜜鸟，而美洲西南部也仅有三四种会传粉的蝙蝠造访。更进一步，在欧洲根本就没有利用鸟或蝙蝠来传粉的花。是什么因素限制了多数造访花朵的鸟类和小型哺乳动物的范围呢？

回答是，这些动物在习性上有一个要求：开花的季节要足够长，以使花蜜的分泌保持稳定并且数量足够大。寒冷、结冰的冬天会迫使鸟和蝙蝠迁徙，而额外的行走、飞行会消耗能量。遍及加拿大大部分地区和美国东部地区，从中秋到来年春天，根本就没有花蜜可供饮用。繁殖迅速且寿命短暂的昆虫比繁殖较慢、寿命较长的鸟和哺乳动物能更好地适应这种长时间缺少食物的自然条件。

鸟和蝙蝠这样的传粉者喜欢暖热的赤道地带，这里冬季温暖，它们喜欢在附近游荡，而不是每年都长途迁徙。这就是为何热带南美洲仍旧是蜂鸟科（Trochilidae）鸟类多样性中心。从低地雨林到海拔15000英尺的安第斯山草地，全球319个蜂鸟物种中有超过200个种分布在这一地区。还有超过 140 种叶口蝠科（Phyllostamatidae）蝙蝠生活在西半球。它们大部分主要以花和果为食物，仅有极少一部分物种曾向北越过墨西哥边界。

人们对鸟与花之间关系，远比对蝙蝠与花的关系了解得多，因为在白天观察更容易一些。据估计，近 20% 的鸟类物种将花蜜作为部分的食物来源。鸟类传粉发生于每个大陆板块，包括欧洲、北极和南极。蜂鸟是西半球独有的鸟类，一项叫做 DNA 杂交的新的实验室分析证实，它们与雨燕科（Micropodidae）鸟类的亲缘关系，比与其他科属的花蜜鸟的关系更近。

吸蜜鹦鹉是一种仅在新几内亚、澳大利亚和南太平洋某些较温暖的岛屿上生活的真鹦鹉。[1] 其余所有鸟类传粉者都属于雀形目（Passeriformes）这一较大的目，与乌鸦、麻雀同在一个目下。

传粉的鸣禽在美国大陆上罕见，但在南部大陆和岛屿上很常见。在新世界的热带地区，蜂鸟与森莺科（Parulidae）鸟类和某些拟黄鹂科（Icteridae）鸟类共享花朵。在旧世界热带地区看不到蜂鸟，没有哪个观鸟人会为此感到沮丧。从非洲到南亚均有分布的那些羽毛闪烁着金属光泽的鸟属于太阳鸟科（Nectariniidae）。非洲太阳鸟通常与旅人蕉科（Strelitziaceae）包括"天堂鸟"在内的许多成员、桑寄生科（Loranthaceae）植物和山龙眼科（Proteaceae）澳洲坚果（Macadamia nut）的传粉有重要关系。

澳大利亚及其邻近岛屿也是造访花朵之鸣禽的分布中心。在这里吸蜜鹦鹉与太阳鸟、刺嘴莺科（Acanthizidae）、啄花鸟科（Dicaeidae）、

---

[1]　鹦鹉在分类上属于鹦形目（Psittaciformes）鹦鹉科（Psittacidae），不在雀形目当中。

绣眼鸟科（Zosteropidae）以及近 160 种吸蜜鸟科（Meliphagidae）鸟类争夺花蜜。这些吸食花蜜的鸟类身材大小变化很大。尖喙鸟（*Acanthorhynchus*）像山雀一样小，而噪吮蜜鸟（*Philemon corniculatus*）比美国蓝松鸦还要大。澳大利亚大陆大部分地方冬天都较温暖，于是总是有某些开放的花朵提供美味。即使在潮湿、凉爽的早晨，也能观察到这些鸟在龙舌兰科高矛花（*Doryanthes excelsa*）、山龙眼科班克斯属（*Banksia*）植物、尖苞树科澳石南属（*Epacris*）或山龙眼科特洛皮属（*Telopea*）植物的花朵上吵吵嚷嚷。

夏威夷列岛，包括雷仙岛（Laysan Island），在人类进驻前一直是鸟类特化的天然饲养场。那里有几种本土花蜜鸟，但 22 种管舌鸟科（Drepanididae）是占优势地位的鸣禽。这种由雀科鸣禽（finches）（大嘴雀或鹀）演化而来的独特群体在不到五百万年前开始分布在这些岛链（群岛）上。博物馆标本显示所有吸蜜鸟中有一半的种类采集桃金娘科铁心木属（*Metrosideros*）植物、豆科夏威夷刺桐（*Erythrina sandwicensis*）以及半边莲科（Lobeliaceae）和锦葵科（Malvaceae）许多木本植物的花蜜。那是数百年前波利尼西亚捕鸟人到来之前的情况。在 19 世纪，白人殖民者到来。他们清除了许多本土植被，使它们让位于蔗糖种植和畜牧业，并且不慎引入了家禽疟疾。今天，所有吸蜜鸟和多数管舌鸟都已经灭绝。到夏威夷森林的游客，幸运的话还能看到镰嘴管舌鸟（*Vestiaria coccinea*）和弯管舌鸟（*Loxops virens*）在铁心木花上进食。

不管在地埋类型和植物科属上有多大差异，多数由鸟传粉的花朵都有一些共同的特征。它们在白天开花，呈漏斗形、钟形、管形或者大撮毛刷形。因为所有鸟都有探针一样的嘴，这些花朵外面都有一层又厚又

吸食澳大利亚桉树和槲寄生花蜜的一些鸟的相对大小。从枝头的左上端到右下角看过去，分别是白喉蜜鸟（*Melithrepus albogularis*）、东方尖喙鸟（*Acanthorhynchus tenuirostris*）、白羽蜜鸟（*Lichenostomus penicillatus*）、纽荷兰蜜鸟（*Phylidonyris novaehollandiae*）和红垂鸟（*Anthochaera carunculata*）。右侧那只小鹦鹉是姬吸蜜鹦鹉（*Glossopsitta pusilla*）。德兰尼（W. W. Delaney）绘制。

光滑的角质保护层。在内部，花器官长有加厚的木质化网脉。多数由鸟授粉的花为橙红色，而这恰好是蜂所忽略的颜色，所以墨西哥、澳大利亚和南非的许多植物都会开出鲜红色的碗状或丝带状花朵。

但是并没有证据表明每只鸟都会本能地单单被红色所吸引。离开鸟巢后，雏鸟通过试错法开始了解什么是最好的花蜜源。这可能意味着，单纯的深红色的花或橘红色的花不会引起鸟的特别注意，正如花朵也不会特别讨厌蜂和一些别的昆虫的惠顾一样。

所以，如果你曾经看到蜂与蜂鸟"共享"毛茛科的红花美丽耧斗菜（*Aquilegia formosa*）和玄参科沟酸浆属（*Mimulus*）的"红猴花"，要记住这些花并非纯红色或者纯橙色。它们零星点缀着一些反差明显的黄色和蓝紫色斑点，而有些颜色处在我们人类肉眼看不到的紫外波段。

昆虫忽略靠鸟类传粉的花还有另一个原因：蜂鸟、鹦鹉和栖木鸟所探访的花朵均无香味，蜂和蛾可能会觉得这些花既难刺探，也缺乏吸引力，因为它们缺少"引虫入胜"的香味。

蜂鸟或吃蜜鸟造访的花朵性器官通常是倾斜的，朝向鸟尖尖的头部或者它的喉部。花粉或者落在鸟光滑的嘴上或者落在鸟羽上。规则地粘附在嘴上的花粉粒通常是圆形或卵形的，外表附着一层黏油胶水。相反，叶片状、三角状或刺状的花粉粒散落在鸟的头部和颈部层层叠置的羽毛羽小支上。

不同的花用不同的糖分组合犒劳不同的鸟。蜂鸟偏爱蔗糖，而多数鸣禽喜欢喝葡萄糖和果糖的某种混合物。科学家推测，某些鸣禽，比如黄鹂，体内缺少蔗糖酶，因此不能轻易消化蔗糖。

经检测，许多鸟媒花的花蜜极少含有氨基酸和脂肪，那么访花的鸟如何获得生长羽毛以及产卵所需的足量蛋白质呢？吸蜜鹦鹉是唯一有能力收集并消化花粉中重要营养物质的鸟类。蜂鸟和鸣禽偶尔吞食花粉粒，这不应当被视为习性上的巧合，而应当看做一种获取营养物的常规方式。蜂鸟、吸蜜鸟、太阳鸟和其他喝花蜜的鸟类必须通过抓捕富含脂肪及蛋白质的昆虫来改善伙食、进补身体。

蜂鸟悬停在半空中就能有效地吸食花蜜，所以它们能够造访缺少降落平台的覆钟形花和水平漏斗形花。与此形成对比的是，鸣禽必须落下来稳稳当当地进食。它们更喜欢光顾那些长在结实而粗大的树干上，或者成团长在一起而形成复合"着陆场地"的花朵。在南非，俗称"天堂鸟花"的芭蕉科鹤望兰（*Strelitzia reginae*）由太阳鸟传粉，鸟实际上落在花朵结实的雄蕊上。在这种稀有的案例中，太阳鸟用爪子带走发黏的花粉。

由于形状和颜色特别，鸟媒花很容易识别。因为这个缘故，你或许可以发现鸟类传粉对于从北美一直到南部热带国家的本土植被有多重要。因为红玉喉蜂鸟是美国东北部唯一常见的蜂鸟物种，所以那里鸟传粉的情况局限于毛茛科加拿大耧斗菜（*Aquilegia canadensis*）、忍冬科贯月忍冬（*Lonicera sempervirens*）、紫葳科美国凌霄（*Campsis radicans*）、一些本地百合和火焰杜鹃。

驾车从新墨西哥州向西进入加利福尼亚州，沿途你会发现 11 种蜂鸟在那里筑巢。在早春，仙人掌科鹿角柱属（*Echinocereus*）植物、刺树科福桂花属（*Fouquieria*）植物、某些玄参科钓钟柳属（Penstemon）植物和石竹科矮雪轮（*Silene laciniata*）鲜红的花朵遍布山谷。到了夏季，炎热烤干了灌木林，这时多数蜂鸟已经养育了后代，母鸟和孩子们返回山地，去饮用玄参科火焰草属（*Castilleja*）、花荵科吉利草属（*Ipomopsis*）和柳叶菜科朱巧花属（*Zauschneria*）植物的花蜜。东海岸上开黄花或紫花、由蜂传粉的唇形科和玄参科金鱼草属植物，在圣盖博山脉和高山区一般会有开红花的近亲。

在 19 世纪上半叶，由英国皇家园艺学会资助的植物采集者开始从美国西海岸向英国寄送植物种子。富有的花园主人很愿意收集开红花的新奇品种，如颜色如同深红翠雀（*Delphinium cardinale*）一般的飞燕草、猩红弯被贝母（*Fritillaria recurva*）和紫红茶藨子（*Ribes speciosum*）。

一旦进入拉丁美洲，蜂鸟的种数快速增长到数百种，并且有黄鹂和小蕉林莺加入其行列。由鸟传粉的植物可在新世界热带地区的各个海拔高度找到，并且生长形式极为多样。比如，在温暖的低地森林，所有高大的树木上都能找见鸟媒花。豆科刺桐属树木在类似旗杆的树干上挂满了红色"雪茄"，这些旗杆拔地而起，高出于相互交联的茂密冠层之上，可以不断地吸引鸟类前来访问花蜜。当狂风将大树推倒，丛林中留下的间隙会被生长快速的旅人蕉科蝎尾蕉属（*Heliconia*）植物迅速填补。它们在阴凉处开花，特别吸引在下层林丛中筑巢的隐士蜂鸟属（*Phaethornis*）蜂鸟。

在给死火山的山峰披上衣衫的云雾林（cloud forests）中，许多由鸟传粉的植物寄生在外面包裹了苔藓的树枝上，而后者靠每天都有的雾气来提供水分。宿主变成了"圣诞树"，垂花饰的中部则是六出花科水仙百合属（*Bomarea*）植物的花藤、数百种"伽里多"（gallito，花茎像螃蟹腿一样红的凤梨）开着深红色漏斗形花的爬藤仙人掌等。苦苣苔科植物和柳叶菜科倒挂金钟属栽培植物的灌木状近亲，在这些山坡上也很常见。危地马拉和萨尔瓦多给我留下的最幸福的一些回忆是，清晨爬到山坡上，观赏五颜六色的蜂鸟用利剑般的喙啄食沿途盛开的倒挂金钟花朵。

设想彩色的澳洲吸蜜鹦鹉和黄褐色的狐蝠共享一株桉树似乎有点荒唐，但是鸟和蝙蝠的确能在同一棵树上采食，因为它们错开了到来的时间。在墨西哥，蜂鸟和黄鹂白天在龙舌兰属（*Agave*）植物的"烛台"（长长的花序轴）上吸食花蜜，而较小的长鼻蝠（*Leptonycteris curasoae*）则在夜间做同样的事情。

传粉系统进化的一个更普遍的趋势是，亲缘关系非常近的不同植物物种，或者由鸟来传粉，或者由蝙蝠来传粉。比如，由蜂传粉的红花西番莲遍布新世界的热带地区，包括牙买加和古巴。而来自巴西东南部的一种稀有的舌瓣西番莲（*Passiflora mucronata*）淡绿色的花朵在清晨两点打开并迎接蝙蝠，它会散发出柠檬蛋糕或者生蔬菜的味道。现在夏威夷露兜树科藤露兜树（*Freycinetia arborea*）由引进的绣眼鸟科绣眼鸟属（*Zosterops*）小鸟传粉，因为本地的多数吸蜜鸟已经灭绝。而藤露兜树在萨摩亚的一个近亲艾咿藤（*Freycinetia reineckei*）则等着萨摩亚狐蝠（*Pteropus samoensis*）来传粉。然而，最近艾咿藤可能要空欢喜了，因为来自关岛（Guam）的商业猎手已经大规模破坏了狐蝠的栖息地。南太平洋的许多人坚持认为，可可奶炖狐蝠是一道美味。

所有蝙蝠中有超过四分之一的种以某些花为食。主要由蝙蝠传粉的花朵通常"拷贝"鸟媒花的建筑造型，突出钟形、漏斗形和大撮毛刷形的构造。蝙蝠有尖利的牙齿，脚上的爪子为针状，身上还长有翅膀，因此我们自然会想到，花朵得有一定的防护，长得结实才行。

不过，狐蝠也经常被指责糟践花朵。伟大的热带植物学家考纳（Edred John Henry Corner，1906—1996）曾被木蝴蝶（*Oroxylum indicum*）惊人的花朵深深打动。这种 60 英尺高的树木原产于印度尼西亚和马来西亚，是西方人所熟悉的美国凌霄花的近亲，两者都属于紫葳科。考纳观察到蝙蝠抓住木蝴蝶的新鲜花瓣，他写道："第二天早晨，在掉落的花瓣上能够看到蝙蝠抓挠的痕迹。"

由蝙蝠传粉的植物也会把花摆在伸展、无叶的茎干上，使到来的蝙蝠不至于陷入碍事的叶片造成的迷宫当中。比如，含羞草科有些巴克属（*Parkia*）植物把大量小花聚成一簇大花团，就像拉拉队员手上倒置的花球。这些密实的开花小枝倒挂在树干撑起的大伞下面。蝙蝠抵达巴克树时，沿树冠的下部爬上去，然后抓住足球大小的花簇。提供给蝙蝠的花蜜多种多样，消化起来也会有所不同。叶鼻蝠更喜爱葡萄糖和果糖，而狐蝠则大吃蔗糖。

真蝙蝠花缺少与鸟传粉有关的鲜艳色彩。这些花朵常见的颜色通常是白色里掺着亮绿色、棕黄色和肝褐色，这便于夜间活动的哺乳动物采集花粉——那些动物很可能是色盲。蝙蝠有非常发达的声纳系统，不过回声探测对于发现静止不动的花朵并非总是有用。个体雷达在狐蝠中并不常见，这一事实可以解释为何我房屋边桉树上的蝙蝠要大声尖叫，而不是发出我们人耳听不到的超高频"声音"。一般来说，花蝠比起只吃昆虫的蝙蝠来说有更好的视力，它们在黑暗的背景下识别花朵灰白色调的能力，可与天蛾一拼。

更重要的是，花蝠运用鼻子来发现有气味的猎食目标。个别博物学家声称，有些蝙蝠花闻起来有麝香或者过熟水果的味道，但是描述它们有腐肉味、狐臭味、汗臭味的更多些。酪酸似乎是这些气味中的主要成分。这与奶变酸或成熟干酪达到室温时散发的味道，以及有待洗涤的浴室毛巾等等的气味，包含同样的化学物质。

花蝠的虫状毛刷舌头在长度上不亚于蜂鸟和其他吸蜜者，但这些哺

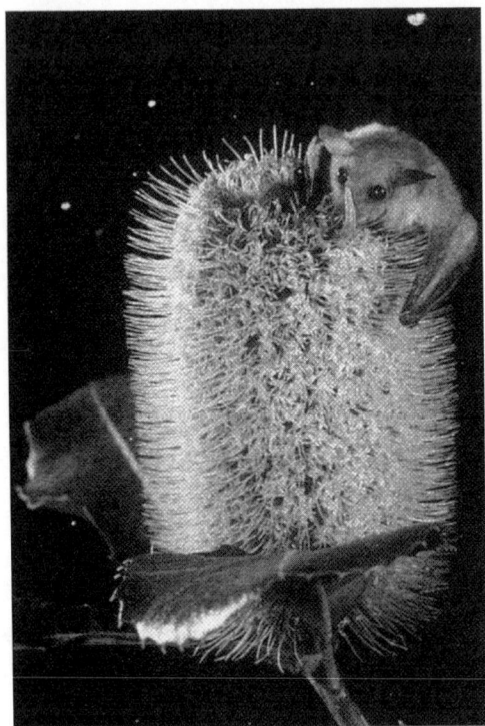

一只小型的澳洲无花果蝠（*Syconycteris australis*）从澳洲山龙眼科班克斯属（*Banksia*）植物的花枝上取食花蜜。注意，蝙蝠长着长长的像虫子一样的舌头，而这种植物的花成团长在一起，像一把大毛刷。图陶（M. D. Tuttle）拍摄。图片承蒙美国得克萨斯州奥斯汀国际蝙蝠保护组织惠允使用。

乳动物有一个多数花蜜鸟不具有的本事。多数蝙蝠可以食用并能消化花粉。它们的口鼻部和"下巴"上长着硬毛和胡子，碰到花药时就能收集到花粉粒。然后，它们有力的舌头会舔走口鼻周围结了块的花粉。

个头最大、身体最重的狐蝠发现食物后会爬上树枝。而轻巧的叶口蝠会设法在花前逗留片刻，但不会久留，全部活动不会超过几秒钟。自然选择似乎倾向于让蝙蝠为通常强壮结实的植物传粉，因为这些植物必须能忍受造访者的攀爬、摇晃。木棉科（Bombacaceae）植物是蝙蝠喜爱的树木，也是被研究得最细致的。它们摇晃的花朵很像漂浮的降落伞。这个科包含许多通常很怪诞的树木，如吉贝属（Ceiba）和榴莲属（Durio）植物，以及很特别的猴面包树属（Adansonia）植物，读过《小王子》（The Little Prince）的孩子听到这个名字仍然会感到恐怖。①

泰国的芭蕉属（Musa）野生香蕉没有木质茎，但其茎杆中的纤维能够形成强劲的骨架，支撑植株长到树一样的高度。粗壮的下挂枝上长着灰白色花朵的物种，通常由蝙蝠来传粉。作为早餐食品之一的黄香蕉虽然已不再产生种子，但是它们的花朵仍然保持着最初引入时迎合蝙蝠需求的老样子。下次参观某个热带景点，要靠近一片香蕉林住下。傍晚时分等你参加鸡尾酒会回来，蝙蝠就可能到来。

有些花蝠传完粉后还会继续伺候蜜源植物。这些哺乳动物喜爱水果，并且许多成员愿意从果树上把果实带走，在飞行中享受盛宴，或者把第二株树的树枝当做公共的聚餐桌台。蝙蝠是捉摸不定的"吃了就

---

① 在小王子的星球上，有些非常可怕的种子，如猴面包树的种子。猴面包树 一旦长出小苗，就应当及时清除。假如拔得太迟，就再也无法把它除掉了，它会盘踞整个星球。它的树根能把星球钻透，如果星球很小，而猴面包树很多，它就把整个星球搞得支离破碎。书中说："孩子们，要当心那些猴面包树啊！"当然这只是童话故事，并非现实。

跑”的进食者，其中一个合理解释是，如果它们在一株果树上磨蹭得过久，就可能遭受爬上树的毒蛇伏击。跟着蝙蝠，种子就会被带到离父树较远的地方，新长出的树苗不会与老树形成竞争。在夏威夷，研究太平洋原住民、树木和狐蝠之间相互关系的一位权威考克斯（Paul A. Cox，1943—　）认为，蝙蝠在种子扩散中所担负的角色，对于环太平洋小岛极为重要。这些岛屿上很少有吃水果的鸟类，于是蝙蝠成了此地森林重要的媒婆。

20 世纪 70 年代早期开始的野外研究已经证实，其他一些哺乳动物也是在黄昏时候为花传粉。小型无翼灵长类动物、啮齿类动物和有袋类动物可以爬到灌木、乔木的树枝上，造访疏松（稀疏的）茎干上靠近地面开放的大个花头。在南美洲低地森林中，木质藤本的使君子科风车藤属（*Combretum*）植物和木棉科杵巴果树（*Quararibea cordata*）由灵长目狨科柽柳猴属（*Saguinus*）动物传粉。在中美洲哥斯达黎加云林中，米鼠（*Oryzomus*）会爬到树上取食野牡丹科一种小藤本植物绿花布雷克藤（*Blakea chlorantha*）的淡绿色花朵。

在非洲，山龙眼科扣茎帝王花（*Protea amplexicaulis*）和盘花帝王花（*P. humiflora*）灌丛贴着地表开放的花簇散发着酵母味，岩鼠（*Aethomys*）经常造访它们，啃食花簇周边香甜多肉的苞叶，将花粉从一处灌丛带到了另一处。

在非洲大陆东侧的马达加斯加岛上，六种以花蜜为食的濒危狐猴（lemur）也为这些植物传递花粉。芭蕉科旅人蕉（*Ravenala madagascariensis*）看起来几乎完全靠领狐猴（*Varecia variegata*）传粉。

蜜负鼠（*Tarsipes rostratus*）和侏袋貂属（*Cercartetus*）动物是澳洲所有为花传粉的有袋类中被研究得最多的动物。它们体量并不比家鼠大，它们饮用花蜜并吃许多灌木的花粉，包括山龙眼科班克斯属植物、某些桉树、山龙眼科壶状花属（*Adenanthos*）植物和桃金娘科虾瓶刷属（*Beaufortia*）植物。

有人观察到，蜜负鼠会窃取一些由鸟传粉的花的花蜜。原产于澳洲西南部陆地中间的灌木林的这些有袋类动物，通常会因吃了过多的花蜜，而导致整个白天都蜷缩在用山龙眼科哈克木属（*Hakea*）植物的叶片围成的杯状摇篮中睡大觉。

几乎不可能指出由蝙蝠传粉的花与由无翼攀爬者传粉的花之间有何差别。不过，博物学家已经记录下两者之间微妙的差别，指出由老鼠和负鼠传粉的花闻起来更像肉味、乳酪味或酵母味。此外有人注意到，无翼哺乳动物光顾的花朵上长着梯子扶手，可供动物爬上花枝时抓握。例如，澳大利亚科学家指出，班克斯属植物花朵沿花柱上下都长有一些"线钩"。每个钩状扶手实际上是花中伸出来的一个坚硬的心皮颈。当背负着花粉的负鼠爬到花上并将头伸进花朵搜索花蜜时，就为每个阶梯扶手传了粉。

在美国密苏里州圣路易斯郊外，我的邻居挂起奇异的引食袋以吸引红玉喉蜂鸟，而澳大利亚悉尼的住户则在阳台上放置了盛满糖水的红碗，用以吸引吸蜜鹦鹉（确实奏效）。在热带地区喜欢花蝙蝠和攀爬哺乳动物的富裕人家中，是否存在一个未来市场？是否会有厂家出售外形酷似猴面包树花的塑料材质引食袋，以便花园主人每晚能坐在院子里欣赏狐蝠、叶鼻蝠、狐猴或狨猴？或许，引食袋还要能够不断散发出臭袜子的味道！

上帝造了龙胆花,
它却想成为玫瑰。
——狄金森《修饰后的龙胆花》

第十四章

F 代表伪装(Fake)和花朵(Flower)

植物是饥饿传粉者的慷慨雇主吗?我们知道,玫瑰给野蜂提供花粉,而不提供花蜜。不过,如果同样的野蜂光顾萝摩科马利筋属(*Asclepias*)植物的花朵,那么它会只舔食花蜜,而忽略附着在腿上和舌头上的不可食用的花粉块。不同的植物可以分享同样的传粉者,如果它们的花朵能给同种动物提供不同的回报。野蜂在草地上造访许多不同种类的花朵,与我们在超市里光顾不同的货架,很大程度上出于同样的原因。

再进一步,多数花朵只是很吝啬地分发一点点报酬。支付给动物传粉者微薄的工资,听起来似乎是很划算的买卖。如果蜂鸟、狐猴或蛾子仅需要单次造访一只花朵就吃饱了,它就无需造访第二株植物以满足其饥饿感。吃得很饱的动物访问花的频率会降低,这样就会降低精子在植物间的交换。所以，一只慷慨的花对于种子生产本身而言却注定是低效率的。

长命的花朵缓慢地更新其奖品，饥饿的鸟造访的强壮花朵通常等到晚上才补充花蜜。如果灌丛上的红花在中午前就被饥渴的鸣禽吸干了，那么在第二天黎明前它们的距或兜囊是不会注满新鲜花蜜的。

事实上，每朵花在蜜蜂收集了所有花粉粒之后，就拒绝制造更多的花粉。当最早到来的工蜂已经从花药中取走所有的花粉时，报春花科流星花属（Dodecatheon）植物和茄科植物仍然保持着有吸引力的颜色和一定的香味。天真的后来者继续降落到这些似乎有吸引力的花朵上，但从花药上已经得不到任何花粉了。一只空仓的花朵继续接收这些勤奋的蜜蜂所携带来的花粉，却不给忠厚的昆虫任何回报。

我们这个星球上的许多植物有规律地利用着缺乏经验的动物。与刚刚描述的例子有所不同，它们并不是先开花，然后把其中的食品一点一点售尽。它们开出的花只是看起来盛满了丰盛的食物，而实际上食厨中总是空空如也。研究花朵提供的这种虚假承诺的科学家，称这种现象为欺骗式传粉。

欺骗式传粉可以是部分欺骗，也可以是完全欺骗。要想瞧瞧一种部分靠欺骗结种子的植物，只要找到你最喜欢的秋海棠科秋海棠属（Begonia）的盆栽秋海棠，用手持放大镜检查一下就明白了。多数秋海棠开出的是不完全花。也就是说，茎上的绝大多数花朵是单性的。在每个雄花内部，有一团成束状的淡黄色雄蕊，但没有心皮。

你能找到雌花吗？不太容易，因为枝头只有很少的雌花，并且外表极像雄花。其外形一样，在每朵雌花的心脏部位也有一团成束状的淡黄色性器官。这团由心皮颈构成的物质呈黄色，外表长得很像肥胖的雄蕊。

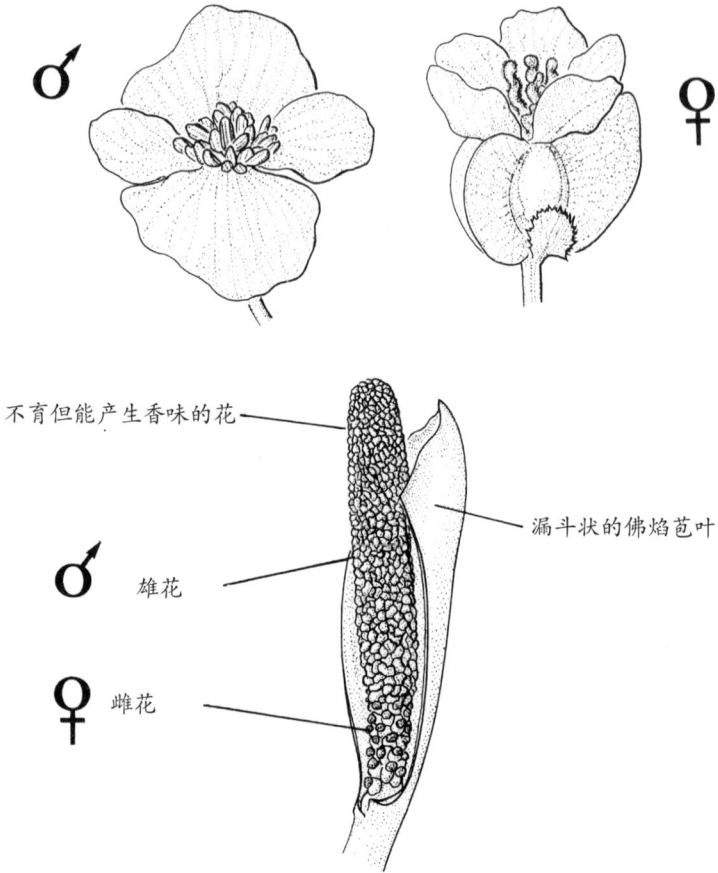

上左图：秋海棠科四季秋海棠（*Begonia semperflorens*）的雄花能提供可食的花粉。**上右图**：雌花没有花粉，但是柱头的颜色和形状很像长有花粉的雄蕊。**下图**：天南星科植物绿纹芋属（*Cercestis*）植物肉穗花序的结构。花序共分三部分，由下往上依次是，能结出种子但没有花粉的雌花；有花粉但不结种子的雄花；不结种子也不产生花粉但能产生香味的不育花。佛焰苞叶被切开，以便显示雄花和雌花的位置关系。这种天南星植物把蝇囚禁在漏斗的基部，它们粘满花粉的身体会碰到雌花。梅尔斯绘制。

我曾在萨尔瓦多热带森林中观察过野秋海棠的传粉过程。野蜂和无刺蜂造访其雄花以获取花粉来喂养幼蜂。降落到雌花上的工蜂，并不能立即识别出它面对的是一朵没有回报的花朵。相反，它抓住雌花黄色心皮颈的团簇，并且用力摇晃。蜂造访一朵雌花并没有得到花粉，但是给心皮尖端留下了一些花粉粒，从而为雌花进行了传粉。

秋海棠花朵是行部分欺骗的好例子。因为秋海棠茎上的多数花朵是雄花，蜜蜂从造访的大部分花朵上都能获取花粉。只有当它们遇到奇怪的雌性花朵时才会被愚弄，并且失去一些先前收集的花粉。对蜜蜂来说这是一点小损失，但这只被欺骗的昆虫却成就了下一代秋海棠的种子。你当做水果食用的番木瓜（Carica papaya）对夜蛾也要出了类似的把戏。夜蛾并不吃番木瓜的花粉，但是它们传播花粉粒，以换取雄花里面的花蜜。雌性番木瓜花没有花蜜，但是其灰白的颜色和气味很像雄花。被骗的蛾子在掏取雌花空空的花管时会把花粉擦到柱头上，这就保证了雌花能够受精，结出下一代甜果。野牡丹科巴西野牡丹属（Tibouchina）、云实科①决明属（Cassia）植物，甚至玉蕊科（Lecythidaceae）②的某些成员，也行部分欺骗的策略，在某个时间回报或愚弄为其传粉的蜜蜂。

沙漠、灌木丛和森林也培育了一批反面高手，它们欺骗传粉者，根本不提供一丝营养物质。在这些华丽的花朵内部，根本就没有可供动物

① 云实科也称苏木科。豆目下分含羞草科、云实科和蝶形花科这三个科。如果按广义的豆科来算，那么这三个科就相应地称作某某亚科。
② 在英语世界，此科的名称是巴西坚果科。超市中出售的含油量很大的"鲍鱼果"（Bertholletia excelsa），就是此科中的一种植物结的坚果。很有名的炮弹花或炮弹树（Couroupita guianensis）也是此科的植物，中国特种邮票2002-3（2-2）T印的就是这种植物。不过，紫葳科也有一种炮弹果（Crescentia cujete）。

吃喝或使用的东西，所以它们的欺骗是完全的。尽管昆虫在这些要花招的花朵内部有时确实也找到了花粉，但是这些花粉粒通常不可食用或者太难消化。

有些植物通过化装成那些总对传粉者提供真实回报的邻居来施行完全的欺骗。比如，当冬雨浸透亚利桑那的土壤，玄参科幽灵花（*Mohavea confertiflora*）与刺莲花科（Loasaceae）沙地耀星花（*Mentzelia involucrata*）就会相伴而开。两种植物的花瓣都为奶油色，高光部分呈紫色到橙色。有四种蜜蜂会把既无花蜜、花粉也很少的幽灵花误认成有花蜜且花粉丰富的沙地耀星花。亚利桑那州还有另外一个例子，有八种开着红色管状花的植物，花朵能分泌花蜜，由棕煌蜂鸟（*Selasphorus rufus*）传粉。第九种植物则提供深红色的管状花，却没有花蜜。此植物会欺骗经验不足的小鸟：小鸟无法识破它的虚假承诺，会误以为是桔梗科红花半边莲（*Lobelia cardinalis*）。

模仿花与原型花之间的相似性达到了惊人的程度。设想一下，在开花植物中，它们在颜色和气味的化学组成上有多大程度的重叠。比如幽灵花属于玄参科，而沙地耀星花属于刺莲花科。记住，开花植物的物种数量，远远多于它们所能产生的不同颜色效果和芳香分子的种类。机遇和自然选择鼓励了一些植物种群利用花朵进行伪装的潜在可能性。

在大自然中，具有某种原型花的外形和气味的乔装打扮，为何能够获得独特的好处呢？简单的回答是，模仿者节省了原型花用以支付传粉者的糖、脂肪或者蛋白质。[①]资源没有花费在满足传粉者的饥饿感上，就可以节省下来供植物自己生长使用，或者用于制造更多的种子。

---

① 这跟人类社会中模仿名牌产品获利差不多，模仿者至少可以省去打造品牌的花费。或许应当这样说：人类社会向花朵—昆虫世界学会这一套把戏。

让我们回到相关的问题上，试想，为何大多数植物不采取完全欺骗的策略？回答是，只有在原型花朵的数量远远超过模仿者的情况下，通过欺骗来传粉才是有效的。因为一些动物的取食倾向是通过经验形成的，蜜蜂和蜂鸟不久就能学会识别并回避伪装者。南澳洲兰科太阳兰属（Thelymitra）植物能提供颜色多样、味道香甜的花朵，其味道很像长有花粉的百合、桔梗科蓝花参属（Wahlenbergia）植物以及草海桐科（Goodeniaceae）植物的花。我曾观察到，本地的蜜蜂尝试从这些伪装的花朵上收获花粉。在数次受挫后，蜜蜂学会了甄别兰花的斑点，只围绕那些诱骗它们的花瓣转圈，但不降落。

所以，伪装者之所以能通过交叉传粉制造大量种子，条件是存在稳定的忠实造访者的供给。在一年当中，它们必须赶在不断有吸蜜者降生的时候开花。在某些情况下，正如你将要看到的，这意味着要在极短的时间段内开花。

真菌蚊和粪蝇通常易受骗上当，利用这些昆虫的植物算是最惹人注目的伪装者。马兜铃科（Aristolochiaceae）和天南星科的许多成员，以及萝藦科吊灯花属（Ceropegia）、丽钟角属（Tavaresia）植物，被认为是最卑鄙的欺骗者。现在我要解释这些植物为花朵做广告所用的阴暗可怕的颜色以及令人恶心的臭味。它们模仿肉质的牛肝菌、动物尸体和新鲜粪便，促使许多成体蝇将其当做食物，并在上面适当的位置产卵。当这些花因消化细胞中储存的淀粉而发热时，温度的增加使之更能模仿新鲜温热的粪便，或者新近被杀的动物。有时幻象非常逼真，以至于怀孕的蝇会在花上产卵。出现这种情形时，孵化出的蛆虫会因为缺少必要的营养而饿死。

多数行欺骗行径的花朵构造，会将到来的蝇扣留数小时或者一整夜。马兜铃科植物的花被片（tepals）和萝摩科吊灯花藤的花瓣形成中空的陷阱，就像捕大螯虾的篓子。蠓和绿豆蝇能通过小缝或者花瓣坑道进入花朵，但是不可能逃出来，直到把守囚房的部分细胞枯萎或者崩溃，形成一条明显的逃逸通道。许多天南星科植物，如天南星属、疆南星属（Arum）、斑龙芋属（Sauromatum）和千年芋属（Xanthosoma）等属，会产生一些小花，全都聚集在一根肉穗上。尽管天南星花没有大的花瓣，但它的肉穗通常由一个宽阔的、坚挺的苞叶包被。苞叶的基部形成一个锥形物或中空的小室，里面包裹着可育的花朵。一旦蝇钻进这个小室，它就被扣压下来，因为反折苞叶的内壁十分光滑，很难攀爬。只有当肉穗花序凋残后昆虫才能重返自由。

被行骗的花朵拘捕在内的蝇会团团转，与花里的雄性、雌性器官充分接触。不过，行骗的植物花朵通常要避免狂暴的落网昆虫可能导致的自花传粉，其办法是雄性器官和雌性器官在不同时间成熟。当多数伪装者打开新鲜的陷阱时，其中的雌性器官就准备好接收访客带来的花粉了。随着时间的推移，这些心皮会干枯，这时雄蕊才成熟，囚犯被从牢狱中"假释"出来时，身体就会撒满花粉。蚊子和肉蝇对不爽的经验很难长记性，有很高的重犯率。它们还会带着新鲜的花粉闯进下一个化装的牢狱，继续进行交叉传粉的工作。

虽然斑龙芋属植物和马兜铃科植物的惊人魔法令人刮目相看，但多数植物学家同意，真兰花才是花中第一大伪装高手。许多兰花回报给蛾子含糖的花蜜，或者给雄蜂芳香油，但是据估计，在兰花的两万多个物种中有至少一半以上是通过欺骗来传粉的。

多数兰花靠着一套设计相同的结构达到目的。雄性器官与雌性器官在花的内部聚合起来，形成单一的单元——合蕊柱（column）。按照设计，合蕊柱既能释放花粉块又能接收花粉块。对一朵花来说，要把花粉块粘到昆虫身上或者要接收一团花粉，就必须让传粉者身体的一部分处在合蕊柱下方。花朵如何能够强迫昆虫接收这样一种又粘又重还不可食用的花粉块？

在多数情况下，合蕊柱长在与一片特化的唇瓣相对的位置上。唇瓣不仅形状独特，具有香味，并且装饰得很特别，天真的昆虫一见到就会无法抵挡诱惑。受欺骗的昆虫或者直接降落在唇瓣之上，或者悬停在空中用舌头舔舔。这就形成了一个"三明治"的结构：传粉者的头或身体的一部分夹在唇瓣和合蕊柱之间。蜜蜂、蝇或蛾的头部或后背上不粘上花粉块，就甭想从花朵中退出来。

有的唇瓣还进一步装备了一种天然铰链。传粉昆虫降落到这种铰链上时，单单自身体重就会将其推到合蕊柱上。多数翅柱兰属（*Pterostylis*）植物和全部飞鸭兰属（*Caleana*）植物的铰链唇瓣都极为敏感，只要昆虫的腿轻轻一触，就会作出反应。唇瓣受到刺激时猛烈向上弹起，"砰"的一下就可以把传粉者撞到合蕊柱上。

北美的一些兰花也会利用其传粉者。杓兰属（*Cypripedium*）植物长着独特的拖鞋状唇瓣，这是一种扁平、多彩、散发着香甜味的小室，但永远也不分泌花蜜。要想逃出中空的鞋囊，造访的蜜蜂必须用身体从下面挤靠花的性器官。布袋兰（*Calypso bulbosa*）、朱兰属（*Pogonia*）植物、毛唇兰属（*Calopogon*）植物具有更扁的唇瓣，上面长着黄色的肉疣或者金色的毛丛。一年当中，它们在许多野花能提供大量花粉的时节开放。博物学家注意到，兰花不可食用的黄色疣块和毛发是在模仿野牡丹科鹿草属（*Rhexia*）植物和龙胆科粉蔷薇草属（*Sabatia*）植物。这些兰花欺骗野蜂蜂后，以及从仲春到初夏都在为后代收集花粉的地蜂

（*Andrena*）母亲。

对食物或者饮品的虚假承诺，在热带兰花中发展到了极致。花店能见到石斛兰属（*Dendrobium*）、杓兰属和蝴蝶兰属（*Phalaenopsis*）① 等颇受欢迎的装饰花卉，它们的野生祖先的唇瓣，或者用伪造的花粉疣打扮一下，或者用中空、无花蜜的距装饰一番。

文心兰属（*Oncidium*）植物，在英语世界称"舞女兰"，它们在热带模仿植物当中算是最特化的物种之一。在南美洲有两个种的文心兰经常受到木蜂造访，木蜂把文心兰香甜、亮黄的花朵误认为云实科决明属植物芳香、富含花粉的黄花。遍及加勒比海各岛屿，文心兰模仿着金虎尾科（Malpighiaceae）灌丛或乔木上所开的略带粉红的紫花。这些兰花会利用蜜蜂科南美收油螯针蜂（*Centris*），这些蜜蜂从花上收集花油来喂养幼虫。被骗的雌蜂会把兰花唇瓣上起皱的麻点肉赘误认为金虎尾科植物的花分泌出的油点。

兰科植物中也包含一些散发臭味的行骗者。1200 种石豆兰属（*Bulbophyllum*）中有许多具有较小的绿色和碘酒色花朵，它们是由食腐蝇和蠓来传粉的。石豆兰爱好者（有些甚至是痴迷的收集者）骄傲地确认，有些花闻起来有狗屎的味道。

科学家接着对分布在热带亚洲和澳洲的数百种铠兰属（*Corybas*）植物进行了研究。这些花外形像头盔或者古时候的助听器，它们微湿的丝带状内部结构令博物学家想起真菌菌盖背面呈放射状排列的菌褶。在其中一种兰花的花朵中发现过雌性真菌蚊和它们的卵。我曾闻过一些铠兰属植物，确认它们有某种不可思议的芳香味，有点像黄油炒蘑菇的味道。

---

① 在英语中实际上不称蝴蝶兰，而称蛾兰。也许因为中国人不大喜欢蛾，才换了称谓。

兰科植物中有一个很独特的"完全欺骗"的例子。本章讨论的大多数植物利用年轻动物或雌性昆虫的经验不足而行骗，但也有些兰花欺骗正在寻找配偶的雄性苍蝇、黄蜂和蜜蜂。此时兰花并不提供关于食物的虚假承诺，兰花的唇瓣形成了一种对成熟雌昆虫的多少有些粗糙但仍很有效的伪装：鳞茎状眼睛、隆起的后背、多毛的腹部及深暗的颜色。我们人类的鼻子无法分辨这些花散发的气味，但是瑞典和德国实验室的生

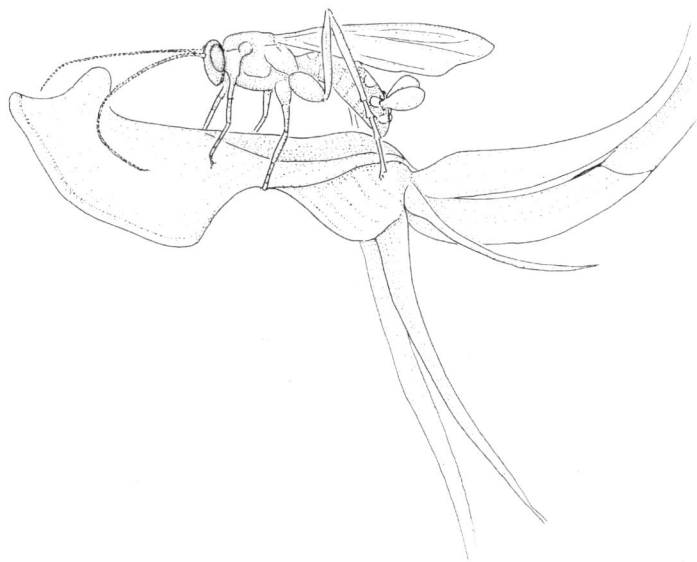

一只姬蜂试图与鞋钻隐柱兰（*Cryptostyli subulata*）[①]唇瓣上的拟雌体进行交尾，但是如此一来腹部就粘上了兰花的花粉块。可以观察到这只姬蜂已经把精子释放到唇瓣上了。梅尔斯绘制。

---

① 这种兰花英文名叫舌头兰，很形象，但拉丁学名似乎更形象。其种加词"subulata"的意思是"外形像鞋钻的"。它的花的确很像做鞋或修鞋的工具台。关于兰花性引诱的化学和后果，可参考如下文章：F. P. Schiestl 等，The Chemistry of Sexual Deception in an Orchid-Wasp Pollination System, *Science*, 302：5644, 2003-10-17, pp. 437-438；Heidi Ledford, The flower of seduction, *Nature*, 445, 2007-02-22, pp. 816–817。

物化学家所做的实验已经证实，花器官释放出的气味分子的确是在模拟未交尾雌昆虫的性气味（信息素），即一种与性有关的荷尔蒙。

在野外发现这些拟交（pseudocopulatory）兰花很令人振奋，但也有点让人不安。有些花朵似乎正死死盯着你，因为唇瓣基部圆圆的一对腺体很像虫子的眼睛。我们回到第八章，再看一下眉兰属（Ophrys）蜜蜂兰和须兰属（Calochilus）老人兰毛茸茸的唇瓣上抛光的镜面（金属镜）。如果你观察一下雄性昆虫将身体覆盖到花瓣上的情况，这种奇特的构造模式就很容易理解了。那块有金属光泽的小镜面，模仿了雌性昆虫在收起闪光的半透明翅膀时露出的外表发暗的光滑后背。

欺骗雄昆虫的兰花要精确把握时机来愚弄求婚者。雄昆虫比雌昆虫更早成熟，并快速离开蛹巢，雌性发育较慢，因为它们必须拖着装满了卵的腹部破茧而出。这意味着雄性蜜蜂和黄蜂"婚飞"的第一周实际上是单身汉们自己孤独地空飞。在这段时间里，它们要喝花蜜并与其他雄性争夺领地，也会造访打扮成雌性昆虫的花朵。兰花要在好色的雄性昆虫羽化时开花，而且必须赶在真实的雌性昆虫出现之前。

有些雄性昆虫见了拟雌体变得十分激动，开始向唇瓣上射精。澳大利亚隐柱兰属（Cryptostylis）的十三个种全部由一种半密点姬蜂（Lissopimpla semipunctata）传粉。最初发现这些昆虫在长而坚挺的唇瓣上遗留下精子小包，是由澳大利墨尔本附近一位叫科尔曼（Edith Coleman，1874—1951）[1]的中学教师于 1927 年报道的。

---

[1] 伊迪斯出生在英格兰，1887 年随父母搬到澳大利亚。她在多所中学教书，并成为一位出色的女博物学家。1922 年加入"维多利亚田野博物学家俱乐部"，1927—1933年她发表了一系列关于兰花授粉和性欺骗的论文。1949 年她成为获得澳大利亚博物学奖章的第一位女性学者。

随着假信息素及唇瓣上拟雌体的特化，天真的雄性昆虫通常被骗得一塌糊涂，对其所造访的兰花极为专注。欧洲、土耳其和中东地区不同的蜜蜂兰物种是由雄性泥蜂（*Gorytes*）或独居黄蜂（*Argogorytes*）、地蜂、长须蜂（*Eucera* bees）等传粉的。英国纽卡斯尔大学的里查兹（A. J. Richards）观察到，一只雄性长须蜂花了三个多小时试图与眉兰属早蛛兰（*Ophrys sphegodes*）特化的花朵交配。

南澳洲有十多种兰花是由十多种小土蜂来传粉的。雌性土蜂永远不长翅膀，作为"婚飞"仪式的一部分，雄性土蜂要设法抱着新娘一同起飞，在空中进行交配。结果，附着于铁锤兰（*Drakaea*）、某些裂缘兰（*Caladenia*）和肘兰（*Spiculea*）带铰链的唇瓣上的拟雌体，会粗暴地将黄蜂新郎向后弹射到兰花的合蕊柱上。

有些读者可能对此章有些失望，因为这破坏了他们对于动物与植物之间纯粹的互利关系的原初印象。坦率地说，当我们考虑到动物通常如何滥用花朵，那么植物的反向动作就算"费厄泼赖"（fair play）了。昆虫把花朵嚼成碎末，而有的蜜蜂、黄蜂和小鸟刺破植物的花瓣以攫取花蜜。大量甲虫和蝴蝶由于太小，不能传播花粉，也不可能对植物作出实质性回报。小说家和蝴蝶收集者纳博科夫（Vladimir Nabokov，1899—1977）[①]是对的，他称大自然是大骗子（Arch Cheat）。在特定条件下，如果在进化过程中引诱物能投合饥饿者、母性本能或里比多（libido）的喜好，那么那些行骗的植物就会保持繁盛。

---

① 纳博科夫对昆虫学有一定研究，到美国后他每年夏天都上山采集蝴蝶标本，著名小说《洛丽塔》（*Lolita*）的前半部分就是在采集蝴蝶的旅行途中撰写的。这部小说后来两度被拍摄成电影（1962，1997）。

可是晨风轻轻吹拂着，并发现

吹落的玫瑰叶，点缀着地面。

——多卜生（Henry A. Dobson，1840—1921）《来自命运女神的幻想》

第十五章

飘散于空中[①]

　　数千个植物物种不借助于任何昆虫、鸟类或者小型哺乳动物而进行
交叉传粉，它们采用了一种几乎不可见的形式来繁殖，而这种繁殖方式
在每块草地上和许多温带森林中都占统治地位。有些植物把自己的花粉
托付给空气流。风传粉是动物传粉之外很普遍的传粉方式，它对美国林
地和草地起着重要得多的作用，比上一章描述的兰花所采用的虚伪把戏

---

① 本章标题"Into Thin Air"借用了克拉考尔（Jon Krakauer）撰写的一部畅销书《进
入空气稀薄地带：珠峰遇险记》（*Into Thin Air: A Personal Account of the Mt. Everest
Disaster*）的正标题。此书有多个中译本，如中国人民大学出版社 2008 年版。此
真实故事 1997 年被拍摄成电视剧《挑战巅峰：死在珠峰》（Into Thin Air: Death on
Everest）。2005 年香港一部 20 集电视连续剧也借用了此英文题目，其中文名为《人
间蒸发》。克拉考尔还创作了《荒野生存》、《艾格尔山之梦》和《天堂的旗帜下》等，
其中《荒野生存》出版后长踞《纽约时报》畅销书排行榜两年以上。

更为普遍、有效。

风传粉容易被忽略，因为采用这种体制的花朵通常很小。就连朴素的犬蔷薇花也比通常的风媒花大，其中比野蔷薇（玫瑰）的花小一号的也有数百种。玫瑰花由数百个器官组成，而风媒花却采取最精简的模式，每朵花的部件通常用一只手的手指都数得过来。玫瑰长着大花萼和甚大甚宽的花瓣。相反，风媒花的萼片和花冠或者已缩简得十分渺小，或者根本就不形成。这意味着大多数风媒花是不完备花。在许多物种中，花的发育被局限于每个花芽内部，只形成一种性器官。结果，许多由风传粉的植物所开的花都是不完备并且是不完全的。[①]

虽然有些风传粉植物的茎上秩序井然地生长着数百或数千朵花，但是仍然容易被忽略，直到花朵明显受孕以后才变得显眼。暮春时节驾车经过沼泽地，你可能错过香蒲科香蒲属（Typha）植物上不起眼的小花，虽然到了秋天你会很欣赏它们蓬松、结果的蒲棒。我们可能香甜地吃着禾本科玉米（Zea mays）的黄色籽粒，却忘记了每株玉米绿茎顶端花粉簇密密麻麻的雄花。

很少有作家赞赏风媒花简朴的美。在 1890 年代，丹纳夫人（Mrs. William Starr Dana，1861—1952）[②]利用她的报纸专栏向纽约人介绍了桦木科桤木属（Alnus）植物在晚冬时节的花序。她是这样描写柔荑花序的："包裹在冰里的小花穗在阳光照耀下闪着光，像镶了珠宝的垂饰

---

① 完备花与完全花的含义见第二章。

② 名字也写作 Frances Theodora Parsons，美国植物学家和著名的科学传播家。她的第一任丈夫是 William Starr Dana，丈夫去世后她与 James Russell Parsons 结婚。她最有名的著作是《怎样认野花》（1893），曾受到罗斯福（Theodore Roosevelt）和吉卜林（Rudyard Kipling）的褒奖。此书到了现在仍然在印行。她还出版过《植物及其孩子》（1896），《怎样认蕨类》（1899）、《按照季节》（1902）、《或许某一天》（1951，自传）。

一般微微摇晃，……既鼓舞人心又有装饰性。"劳伦斯（David Herbert Lawrence，1885—1930）在他著名的小说《恋爱中的女人》中提到了桦木科榛属（*Corylus*）植物的柔荑花序，小说中的英雄伯金先生（Mr. Birkin）通过解释"长悬穗"（雄花的软枝）和"小红焰"（雌花）的功能，来迷惑女性仰慕者。

冰封冬季过后，我们企盼着看到野花。有两种原产于北美和欧亚大陆的杨柳科柳属（*Salix*）植物的柳毛枝，走进了国际市场。柳属植物花单性、雌雄异株，雌性柳毛的花芽并不形成膨胀的银毛簇，因此花店出售的是长满雄花的嫩枝。如果你把这些雄花枝放到水里，你不久就会发现黄色的花粉从花序的后面涌出。在英格兰和俄罗斯的乡村，黄花柳（*Salix capres*）被视为对严冬的胜利，并且在圣枝主日（Palm Sunday）庆典中通常被用来代替棕榈叶。

野外实验表明，柳属 400 个种中有一些采用了昆虫传粉（虫媒）和风传粉（风媒）的混合模式。两位研究花朵的荷兰科学家把 40 株黄花柳和 40 株匍匐柳（*Salix repens*）花枝分别用笼子罩了起来。笼子由尼龙网构成，可以让气流通过，但阻止蜂蝇进入。开花季节结束时，依然有一半雌黄花柳结出种子，而匍匐柳的情况则起伏较大。在某个实验点，70% 的匍匐柳花结了种子，而在荷兰的另一些地方，只有 20% 受孕结实。可见一些柳树种群比其他柳树更需要昆虫传粉者。

在另外一些科中，种与种之间存在更严格的分化：有的靠微风传粉，而有的靠动物传粉，有时这两者会彼此排斥。在桑科（Moraceae）当中，植物学家描述了虫媒的榕属（*Ficus*）植物和风媒的桑属（*Morus*）植物之间的差异。我在前面已经提到，露兜树科藤露兜树利用蝙蝠，而同属露兜树科的露兜树属（*Pandanus*）植物的花则靠温暖的热

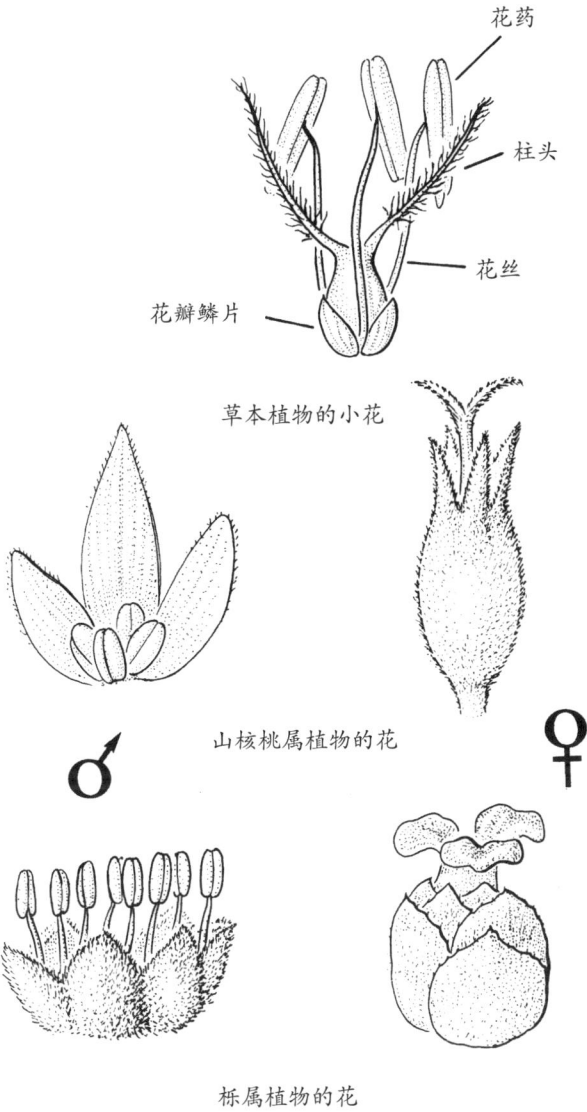

花药

柱头

花丝

花瓣鳞片

草本植物的小花

山核桃属植物的花

♂　♀

栎属植物的花

一些风媒花。注意长着羽毛或者小裂片的柱头，以及高度简并的萼片或花瓣。**上图**：草本植物。**中图**：胡桃科山核桃属（*Carya*）植物的雄花和雌花。**下图**：壳斗科栎属（*Quercus*）植物的雄花和雌花。

带微风来传粉。

在某些科中，风传粉主导了花的进化。风媒植物中被研究得最多的当属禾本科（Poaceae）的9000种草类和竹类植物，但是它们的花粉通常与藜科（Chenopodiaceae）、莎草科（Cyperaceae）、大麻科（Cannabidaceae）多数成员共享同样的空气流。在北美和欧亚大陆，大多数有柔荑花序的树木都是风媒植物，其中包括桦木科（Betulaceae）的桦树和桤木、壳斗科（Fagaceae）的山毛榉和橡树、胡桃科（Juglandaceae）的核桃树和山核桃树以及悬铃木科（Platanaceae）的法国梧桐。

所以，北半球基本上是风媒花的地盘，这一事实影响到了国家的经济和老百姓的健康。就经济层面而言，因为谷类作物属于禾本科，人们期望风会有助于制造每天所需的面包和啤酒。在早些时候，乡村的居民就明白谷物与微风之间有着关联。数世纪以来，不列颠农场的劳工带着长长的杆子集体走进核桃园，唱着可怕的曲子："女人、狗和核桃树，你越抽打她（它）们，她（它）们就长得越好。"这些残忍的歌词中只包含一个合理的内核：在春天轻轻地敲打核桃树的树枝，可以把花粉从雄性柔荑花序上振下来，使它们更容易飘落到雌花上。

当然，花粉云雾也会带来严重的健康问题。如果你对花粉敏感，你可能对所居住地区常见的植物产生反应。如果你住在奶牛牧场或大农场附近，呼吸时可能要受到牛羊牧草的影响。在世界上较凉爽的地区，乡村可能有大量的木材林，而树木的花粉对人的健康是一种威胁。例如，16%的瑞典居民对桦树的花粉过敏。这个百分比与瑞典人对食物（鸡蛋、牛奶、鱼等等）过敏的比例相当，仅仅稍低于无法忍受脱落的猫毛者所占的比例。

尽管这给"花粉热"患者带来了不便，但是即使在生长季节，花粉占空气中有机微粒的比例也不超过 2%。在我们吸入的气体中，空气里的细菌孢子和真菌孢子是种子植物花粉数量的数千倍以上。在最寒冷的季节，木灰、动物皮屑、植物绒毛，甚至螨虫的粪便和尸体，可能才是令我们不爽的真正原因。

早在 1870 年代，人们就开始对空气中花粉的鉴别技术感兴趣。那时博物学家在户外悬挂涂了油的玻璃板，等上好几天，试图确定空气中尘埃的成分。他们不久就认识到，不同植物的花粉可以通过可靠的花粉粒形状和外壁造型来鉴定。早在 20 世纪初专家们就开始编写花粉图册，有些版本还在不断更新。用悬挂粘板收集花粉的粗糙技术已被自动化的装置所取代，新装置利用一根转动的透明粘胶片或旋转棒，把悬浮的微粒赶到一个越来越小的漩涡中收集起来。由于如此多的人遭受与花粉有关的呼吸性疾病，采集飘浮于城市中的花粉样本就成了一项有利可图并且充满竞争的行当。也正是基于这些考虑，在"花粉热"季节，我们本地的天气预报节目要提供细致得要命的、有关各种花粉成分和比例分析的信息。

要想明白我们吸入的花粉为何如此令人讨厌，你必须先弄清花朵将花粉粒释放到空气当中的实际机制。虽然植物学家称这种过程为传粉，但是这只是一个用起来方便的术语。毕竟，花粉粒在强风中飘浮的时间越久，离开等待接收花粉粒的雌花柱头距离就会越远。大风实际上是以烟雾形式释放花粉的植物的大敌。

柔荑花序植物和禾本科草类植物之所以趋向于有节奏地开花，就是因为这个道理，它们或者在清晨或下午开花，或者在这两个时间段都开花。这两个时段释放花粉可以避免正午时太阳加热地表引起的湍动，正午时阳光使大气失去了稳定性。这也能解释为何多数风媒植物在春季或者秋季温和的天气里开花。有些禾本科草类一年开两次花，恰好利用了适度气温的年度双周期。不幸的是，在一年中惬意的日子里，花粉热患者可能要被送到诊所。

在古典神话中，我们再一次看到了富有诗意的真理。还记得第四章中提到的弗劳拉（Flora）——罗马时代的花之女神吧？她的祭司坚持认为，她是泽菲洛（Zephyrus）忠诚的妻子，而泽菲洛是温和、温暖的西风神，远比他不守规矩的哥哥要温柔得多。弗劳拉受孕与否，取决于她每年能否感受到她丈夫温暖的呼吸。

当然，气流所取的方向是靠不住的，如果花粉粒漂离雄花的距离不超过十几码，交叉传粉就最有可能发生。北美的森林和大平原偏爱扎堆儿生长的植物。树木茂密并且高矮差不多，草地上杂草丛生，这种情况最容易与合适的伙伴交换花粉，因为花粉只能在空中游荡一小段距离。当潜在的配偶就生长在附近几码远处，并且小风和煦，柱头就有了最佳的受孕机会。

然而，即使在最佳条件下，所有由气流传粉的花也同样必须面对不利的方面。尽管花粉的定时释放和树木、莎草及禾草有限的多样性增加了交叉传粉的可能性，但是风传粉最多是一种撞大运的性结合方式。早春和中秋的天气通常是不可预测的，垂直气流的运动可能把花粉卷进风暴锋面，花粉粒一旦粘上雨点，花粉精子马上就会死掉。从1920年代中期起，携带科学仪器穿越大西洋的船只，捕捉到了海岸森林产生的花粉。花粉粒被吹离海岸的距离超过了15英里。为什么某些树木坚持要在春寒料峭的早春时节就开花？为什么有些莎草和禾草要在龙卷风和飓风盛行的季节开花？

因为花粉从空中飘往接收它的柱头这一过程受到物理障碍的限制，

所以多数落叶树木的柔荑花序必须在早春开花，即在叶子长出之前开花。多数禾草和莎草把短命的花朵压缩在灵活多分枝的茎尖，簇拥在一起。这些分叉的花茎需要长得长一些，远远高出浓密的叶片之上。

这些花朵的心皮怎样才能有效地拦截飘浮的花粉呢？柱头的表面积越大，捕捉到花粉的几率就越大。对大多数这样的植物而言，花朵中柱头的表面要比其他器官大得多。比如，山毛榉和橡树花朵雌性器官的顶端竟然长着较宽的小裂片。洋白蜡花的柱头令人想起扇子，而山核桃花的柱头看起来或许像蛇的舌头，只不过长了小毛。

禾草花的雌性器官算是最长的了。我们观察一下玉米棒子上雌花长长的细丝状流苏。大多数禾草类植物花柱的柱头顶端分裂成若干小须，在显微镜下观察很像鸟的羽毛。缠在一起的禾草花柱头很像躺在架子上的鸡毛掸子，它能过滤空气，捕获吹过来的花粉粒。

不过，虽然有这些适应性，散布到空气中的大部分花粉粒还是没能落到柱头上，因为空气流并不能像觅食的动物那样专门挑选接受花粉的花朵。靠气流传粉的植物必须制造出数量惊人的花粉粒，才能应对如此多的"着陆失败"。

比较一下生长在同一块小林地里的椴树科椴树属（*Tilia*）植物和壳斗科水青冈属（*Fagus*）植物。在每朵由昆虫传粉的美洲椴花朵内部，相对每个未受精的种子都存在 10 万粒花粉粒。此比例看起来已经非同寻常了，但是雄性山毛榉花为雌花里每颗未来的种子准备了 1000 万粒花粉粒。美洲椴的花粉要比山毛榉空中飘荡的花粉拥有多得多的机会"击中正确的靶了"（虽然昆虫要吃掉一些花粉）。

柔荑花序或禾草的花序从哪获得必需的资源来制造并向外传播花粉云呢？这是传粉系统进化中一种经典的权衡结果。由气流传粉的植物要

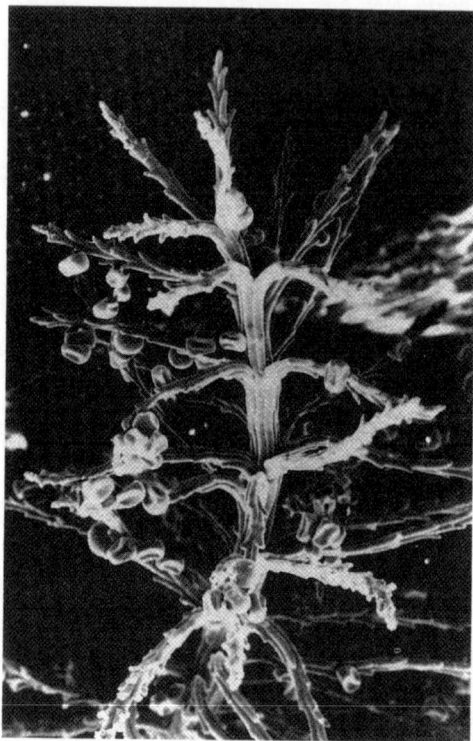

这幅扫描电镜图（SEM）展示，禾本科黑麦草属（*Lolium*）植物花粉在柔和的气流中漂移时，雌花的羽状柱头是怎样"截获"花粉的。扫描电镜图由澳大利亚墨尔本大学植物学院植物细胞研究中心的斯塔夫博士（Dr. I. Staff）提供。

避免在吸引和回报（昆虫）上浪费过多物质，或是生产不必要的分子去制造花蜜、色素、香味和大花瓣。事实上，花粉粒变得便宜、便宜再便宜，它们必须足够轻才能搭乘微风而飘散。它们仅含极少量的可食脂肪和蛋白质，花粉粒外壁上几乎没有化学成分复杂的发粘的微滴。适于在空中盘旋的花粉，不需要很重、很黏的油脂来将自身黏着于羽毛、喙、蛾子鳞翅和甲虫壳上。正是风媒花这种不吝啬的雄性生殖力使得过敏患者害病。

当花粉与人的眼、鼻和嘴唇黏膜接触时，就成了一种刺激物。黏膜上的液体分泌物使得花粉膨胀并破裂。花粉粒碎片包含触发免疫系统的物质，它们会误把花粉残片当成病菌。于是抗体被以液体防御波的形式召集起来，导致流鼻涕、眼睛发痒、淌眼泪、打喷嚏、窦性头痛等症状。幸运的是，陷落于黏膜所分泌黏液中的花粉粒，会被从呼吸系统中移出而进入消化系统，最终被胃酸中和。

在超敏感的人体肺部，吸入的花粉碎片在末端的细支气管囊处触发免疫反应，引起气喘症。医学研究人员正在逐一识别各种可能触发人类免疫系统的花粉。花粉粒外壁表面上的蛋白质薄膜可能起到了作用，但是有一点似乎是确定无疑的：有某种使坏的东西潜伏在围绕花粉精子的淀粉颗粒当中。

我后来的指导教师和老板诺克斯（Robert Bruce Knox, 1938—1997）花了数年时间研究这个问题，他领导了一个由细胞生物学家和生物化学家组成的团队。在诺克斯去世前十多年，他和助手发现，花粉碎片、坏天气和医院之间存在很强的关联。你是否听说过，有时在雷暴天气气喘症急诊病人会急剧增加？诺克斯和他的同事确认，在极端天气下，禾草花粉粒被高层大气暴发捕获。花粉粒碎片被吹到低层大气，转而进入人生活的地表空气中。花粉颗粒非常小，不可避免会被黏膜所捕获。当花粉被吸入没有保护的肺部时，其中的过敏反应原就开始使坏了。1994年春末的一场强烈的雷暴导致640位气喘症患者被送进伦敦的急诊室。

我很怀念诺克斯的学识、体贴和个人魅力，不过气喘症患者更怀念他，因为这位科学家与他们分享着痛苦。春天澳大利亚牧场上的黑麦草（*Lolium*）开花时，他会受邀到过敏症与气喘病基金会去做研究报告。每年那个时候，他的脑袋活像一根湿漉漉的未消须的糖萝卜。事后他开玩笑说，他遭受痛苦的面部比他播放的所有幻灯片或影片更有说服力。基金会的董事们很愿意资助这样一位共患难者从事此类研究。

当我还是一个在纽约成长的孩子时，地方政府以为，在成片的菊科一枝黄花属（*Solidago*）和紫菀属（*Aster*）植物秋季开花之前喷洒除草剂，是在做好事，能保护居民免受花粉过敏症困扰。不过，这些菊科的成员是由昆虫而不是由风来传粉，所以它们被铲除是不公正的。社区的这些卫生学方面的尝试，实际上部分清除了郊区仅剩的本土野花种群。真正的罪魁祸首是机会主义者蓼科酸模属（*Rumex*）、菊科豚草属（*Ambrosia*）、藜科藜属（*Chenopodium*）植物。这些植物通常避免了被过早认出和根除，因为它们的花很不起眼，蓬乱的种子在野外通常最难识别。更重要的是，它们都有一种能力，能在城里衰败的街区繁盛起来，在混凝土和砖块之间自由生长。

很久以前，美国的医生告诉人们，肺部虚弱或有结核病的人应当搬到沙漠地区的孤立小镇上居住。这些干旱地带每年都降雨不足，因而不能支撑具有柔荑花序的高大树木、禾本科牧草或成片莎草和香蒲的生长。当地的植被主要由昆虫、鸟类和蝙蝠来传粉。

　　然而，第二次世界大战以后情况发生了变化，新的供水系统已使得亚利桑那州、新墨西哥州和南加州的居民能够用水浇灌自家的花园，就好像当年生活在东部地区一样。随着局部地下水位的改变，部分沙漠区成了入侵植物如桑树、杨属（*Populus*）物种和杂草等的避难所。这些植物就像欧洲的老鼠和亚洲的蟑螂一样，成了城市扩张的随营人员。再加上数量不断增加的汽车与新工业所生产的烟雾，你可以想象，为何不再有人愿意为了健康而搬到拉斯维加斯一带了。

他俩的嘴唇就像枝上的四瓣红玫瑰，

在其夏季的温馨中彼此亲吻。

——莎士比亚《理查三世》[①]

第十六章

自我婚配和处女生殖

美国堪萨斯大平原边缘坐落着一幢经过精心修葺的农舍，我就在此研究蜜蜂和春季的野花。到了 6 月，菊科的药用蒲公英（*Taraxacum officinale*）密密麻麻长满房子和老谷仓的四周，用白茫茫的冠毛将满是灰土的草地覆盖起来。我看到成群饥饿的金翅雀在大风放飞种子降落伞之前，就在啄食顶端发白的花葶。此时远远望去，景色有些改变，蒲公英白色的花头已被隐藏在叽叽喳喳叫着的黑、黄斑点之下了。

---

① 在《理查三世》第四幕第二场中，国王理查曾说："我必须和我大哥的女儿结婚，否则我这王业就摇摇欲坠了。杀掉她两个兄弟，娶她过来！"提瑞尔（Tyrrel）领命。第三场开头时交待，提瑞尔命戴登（Dighton）和福列司特（Forrest）完成了暴行：闷死了两个年幼的孩子。本章章首引语是两暴徒描述两个孩子被杀前躺在床上时的情景。福列司特说自己险些心头发软而放弃杀人之举。

死于金翅雀之喙，听起来颇有诗意，不过，大多数种子的一生是短暂且坎坷的。许多种子甚至在离开其母株植物之前，就受到疾病、昆虫或线虫（寄生线虫）的侵扰。另一些则会受到啮齿动物、蛞蝓、蟋蟀或鸟类的啃咬、啄食。那些逃过劫难并设法发了芽的种子，也可能因为降落地点不合适，秧苗过早夭折。

"幼苗期"是开花植物生命周期中最脆弱的阶段。每种植物种群的延续，都依赖于成体植物生产、包装和保护下一代的效率。问题是，大多数植物只能用有限的时间来生产种子，把有限的储备投资给下一代。

有两个相互关联的原因使得某些交叉传粉的花的子房无法形成果实。首先，在花费大量资源用于吸引和回报传粉者之后，母体植物可能缺少充分的储备来为每个受精的种子提供营养。科学家们注意到，热带树木会有规则地舍弃一部分子房，特别是在坐果季节干热天气占据主导的时候。

第二，传粉者并非总是如实充分兑现它们的承诺。下雨天使得蜜蜂不得不待在蜂房里，而寒潮使昆虫有性命之虞，或者使另外一些昆虫懒得飞行。当同一块草地上太多的植物分泌了太多的花蜜时，蜂鸟学习得很快，它的身体会躲避花柄，因而只能为花提供极有限的回报。还有，如前一章所述，风暴会摧毁花粉，强风则会将花粉粒吹离雌花。

虽然茎上开着大量花朵看起来似乎是一种浪费，但是与同样数量而个头较大、长满种子的果实相比，这些花的生产成本算是相当便宜的了。更重要的是，植物制造永远不结果的花，在繁殖上可获得两点好处。首先，额外的花朵增强了颜色和气味的整体表现，使得此植物对于饥饿的传粉者更具吸引力。第二，一株植物通过交叉传粉结种子时，成为更多后代的父亲与成为更多后代的母亲是同等重要的。当一朵额外的花释放花粉时，如果精子被第二朵花接收了，它就有机会将基因传到下一代。

的确，当一个种群为了生存需要大量生产种子时，交叉传粉也有不利之处。特别是，我们在第七章中描述的自交不相容性系统对某些生长期较长的植物可能施加了严重的交配障碍——如果它们的传粉者是一些懒惰的取食者。比如，当一只苍蝇造访一片正在开花的含羞草科美花相思树（Acacia retinodes）时，如果这只昆虫仅在享有类似基因的祖代、父代和重孙代所组成的单一家族内访问，那么它对这些灌木并没作出什么贡献。油菜花（Brassica campestris）只生长一个季节，不同世代之间进行传粉是不可能的。不过，如果蜜蜂所造访的一块油菜田的植株具有同样的两个亲本，那么油菜籽就会减产。

这意味着上一章描述的那些雌柳将不同寻常地丰产，尽管它们的花朵被放置于没有昆虫的笼子中。如果交叉传粉树木上50%—70%的花朵能在没有疾病和天敌的情况下结果实，那就必须视为很高的繁殖率了。文献上说，在由动物传粉的生长期长的野花中，花果转化率要大大降低。我自己的田野研究已经记录到，百合科蓝花山菅兰（Dianella caerulea）或百合科大果圣盖博花（Echeandia macrocarpa）茎上的花，有五分之一能够结果。在不错的季节里，酢浆草科紫叶酢浆草（Oxalis violacea）有17%的花能够发育出成熟的蒴果。

在一个半世纪还多的时间里，博物学家们已注意到，在那些欺骗造访的昆虫、不提供回报的兰花当中，坐果率甚至更低。尽管兰科石斛兰属（Dendrobium）植物的一个花枝上能开出一百多朵花，但是只有一到两朵能结出蒴果。单株无茎女履兰（Cypripedium acaule）在十个花期里才有可能遇上一只本地土蜂钻进长着袋囊的花朵里。兰花的诡计多端能够弥补昆虫不大频繁的光顾，因为一旦受精，一个子房就能结出数百、数千或数百万个极微小的种子。这种偶尔的一笔大收获可以补偿老处女数年间的苦苦等待。

问题是，并非所有植物物种都能撑得住，一直等到完美的开花季节，赶上良好的气候，并且还碰上传粉者强壮而敬业。植物的种群要经历一系列问题：很高的幼籽死亡率，用于制造健康种子的资源有限。这些植物是在如下限制条件下进行繁殖的：花期短暂、受到太多的遮挡、土壤中也缺少水分和必要的养分。

在这样一些不利条件下生产种子，出于数量的考虑就要重于出于质量的考虑了。有近亲繁殖的孩子总比断子绝孙要强。这些植物开出的花能够接受它们自己的花粉，并且趋向于使每个花粉粒都为结果贡献力量。如果这些物种曾经有过某种自交不相容系统，那么在进化的旅程当中，这种系统已经被抛弃了。

考察一下生长在美国森林里的地被野花，你会发现有些植物既可以通过交叉传粉也可以通过自花传粉结种子。比如，罂粟科血根草（*Sanguinaria canadensis*）在早春开花，那时气候还很严酷，而且捉摸不定。血根草可以借助在温暖日子里取食的汗蜂（*Dialictus* bees）来进行交叉传粉。不过，如果天气太寒冷，蜂的活动就会停止。但是血根草在没有传粉者的情况下也能形成肥硕的果实。随着白花的凋零，雄蕊蜷缩到心皮的接收端上，柱头就抹上了花粉。田野考察表明，马兜铃科细辛属（*Asarum*）的大部分植物能在菌蚊不造访花朵的情况下，以类似的机制有规则地进行自花传粉。

所以，当不可靠的天气中止了动物的活动，以及植物被迫竞争数量有限的传粉者时，自花传粉通常扮演了一种"故障保护"机制。在苔原地带和高山地带的一些野花当中，也能观察到这种系统。那里气温较低，时隐时现的冰冻限制了小昆虫的活动。

让我们再推进一步。有些林地野花在刚进入花期或花期将尽时，通过产生交叉传粉花和自花传粉花，维持了较高水平的种子产量。在早春时节，阔叶林的地表地带阳光充足，那时冠层叶（canopy leaves）刚刚出现并开始舒展。一年当中这个时候，林下本地草本植物开出大而且通常颜色鲜艳的花朵，很容易让昆虫识别。在暖和天气里，蜂和蝇出来取食，交叉传粉就发生了。

不过，一旦冠层叶长大，森林地表就陷入了阴暗的境地，这对喜爱阳光的传粉者来说就会越来越没吸引力。堇菜科堇菜属（*Viola*）、远志科远志属（*Polygala*）、唇形科活血丹属（*Glechoma*）、酢浆草科酢浆草属、鸭跖草科鸭跖草属（*Commelina*）植物中的许多物种，在昏暗的林下继续开花，但是这些过季的花只长着较小的单调的花瓣。事实上，有些迟开的花就像永远也不会展开的胖胖的绿色芽苞。在每个这样的"芽苞"内，雄蕊的长度使其刚好能够接触到心皮的接收端并释放花粉。这就是为何植物学家称它们为闭花受精的（cleistogamous）花朵，cleistogamous 的意思是"封闭的婚配"。这种自我婚配能保证结出种子，因为雄蕊新郎总是与闭锁于同一个花苞套内的心皮新娘结婚。

在若干堇菜科和远志科物种当中，进行封闭婚配的芽状花的花莛很矮，无法高出于森林的落叶层，于是种子在亲本植物的基部预先被规划好了。到时候，成体植株会被一个"乱伦"王朝所包围。

显然，许多植物物种可以时而行交叉传粉时而行自花传粉，将远亲繁殖的基因优势与近亲繁殖的高效生产结合起来。不过，在条件极端严酷、极度恶劣的一些环境下，有些物种为了完成其生命循环，必须抛

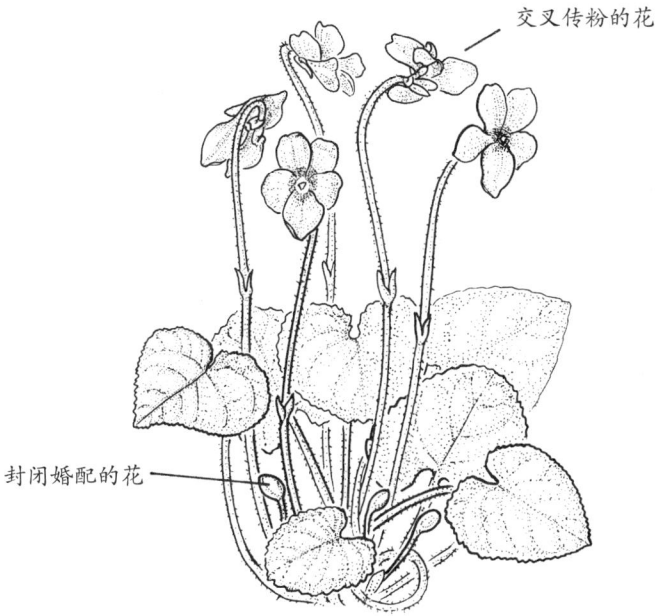

交叉传粉的花

封闭婚配的花

许多堇菜属（Viola）植物一年当中能够开出两类不同的花。在早春，它们开出有香味的、彩色的花朵，等待昆虫到长长的花莛上传粉。在春末以及夏季这种花就逐渐让位于永远也不会开放的"封闭婚配"花，这种花在短短的花莛上看起来很像肥胖的绿色芽苞。

弃交叉传粉的模式。受迫进行自花传粉的植物，通常有着最短的生命期，结完种子马上就玩完。这些植物包括出现在雨后沙漠中或者高山坡地上、仅有几个月生命期的一年生草本植物。另外一些物种则是开拓先锋，能够占据地震、泥石流、工程铲土、大火等突发事件清理出的空地。这些殖民者生长迅速，只生产刚好够用的食物，于是它们得以生产并释放大量可随风播撒的种子。而这一切都要赶在原生的高大植被恢复并驱逐入侵的丛生杂草之前。

只要将真正的自花传粉者与行交叉传粉的亲戚对比一下，就能很容易地识别它们。因为自花传粉者拒绝浪费能量和资源于取食的动物，所以它们的花趋向于比那些行交叉传粉的亲戚的花要小。它们也没有香味和对比鲜明的颜色。解剖这些"不求于人"的花朵，你会发现，它们的花蜜腺要么不发育，要么拒绝分泌液体。在同一朵花内雄性与雌性器官簇拥着，在成熟过程中彼此寻欢作乐。

在显微镜下不难看到，自我婚配的花比那些行交叉传粉的花制造的花粉粒要少。在自花传粉的花朵中，花粉的生产是节约型的，因为每个花粉粒都注定要击中恰当的靶位。在自花传粉的花中，不受精的种子与花粉粒的比率是相当低的，因为花药总是把花粉倾泻在最接近的雌性器官接收端。每个胚珠都能确保接收到精子，因此茎上每朵花都总能结果，除非有敌人搞破坏。自我婚配的花，是一个安全、谨慎投资的楷模。

人们已经仔细研究过十字花科的成员，其中几个亲缘关系较近的种能够展示多种不同的交叉传粉和自花传粉模式。野芥、小萝卜、石芥花属（*Dentaria*）植物、香花芥属（*Hesperis*）植物用黄色或紫色装扮如陷阱一般的花瓣，并用花蜜或过剩的花粉或两者双管齐下来回报昆虫。桂竹香（*Cheiranthus cheiri*）蜜一般的香味非常具有诱惑力，因此我们很容易搞明白，为何它们 92% 的种子都是交叉传粉的结果。

作为对照，让我们考察一下多籽的十字花科莱温芥属（*Leaven-worthia*）植物、繁殖迅速的绮春（*Erophila verna*）、从摇篮到坟墓只需要一个月时间的拟南芥属（*Arabidopsis*）植物，甚至在你家的草坪上布出斑形图案的荠菜（*Capsella brusa-pastoris*）。与上一段提到的那些十字花科植物的花相比，它们短小、苍白的花瓣似乎大大简化、压缩了。虽然很少观察到昆虫光顾如此卑微的小花，但是它们的子房总是能膨起，长成可育的果实。生长在欧洲山地的高山菥蓂（*Thlaspi alpestre*）能耐受富含金属矿成分、大多数植物都无法生存的土壤。在典型的季节里，95% 的菥蓂种子是由自花传粉生产的。

于是，自花传粉是一种确保子代能够忍受亲本曾顽强生存下来的同一恶劣条件的可靠方法。按照孟德尔遗传学定律的数学规则，自花传粉结成的一粒子代种子必定继承了极高比例的、在其唯一亲本中发现的有用基因组合。具有讽刺意味的是，在极端恶劣的条件下，由"自我乱伦"产生的种子通常比由两个不同亲本产生的种子更具适应性，因为由近亲繁殖的种子长出的植株，内置了应对特化的同类特定问题的程序。这就解释了为何荠菜能够离开欧洲牧场，传遍全球。各地的园丁都种植草坪，于是荠菜就像适应日本的郊区一样很好地适应了美国的郊区。

不过，孟德尔基因分离定律也预示了可怕的代价，因为坏的基因组合也可以像好的组合一样频繁地出现。由于出现先天缺陷的几率大增，自我婚配的植物必须比其交叉传粉的亲戚生产出多得多的种子。据估计，多籽的柳叶菜科美丽月见草（*Oenothera biennis*）至少有一半自花传粉的种子因为累积的缺陷在子宫里就死掉了。不过，每个果实含有数百枚健康的种子，所以这种植物能够持续侵入北美各个废弃的地块。

事实上，只有一种方式能使一株植物近乎完美地拷贝亲本，并且无须担心产生致命的基因组合。这种激进的过程被恰当地称为"无配子种子生殖"（agamospermy），这个词来自希腊语，*agamic* 的意思是"没有性细胞的"，而 *spermy* 的意思是"种子"。无配子种子生殖的花朵无需精子与卵子的结合就能产生种子。具有活性的种子是从未受精的子房中突然长出来的。

在一个未受精的种子细胞的发育过程中，大约有五种不同的方式可以导致"无配子种子生殖"，而这与具体的物种有关。有的胚囊需要对到来的花粉管进行化学刺激，才能触发处女生殖。这可以解释从自制的柠檬水和鲜橙汁中捞出来的所有种子。若允许蜜蜂在柑橘林中取食，并忠于职守地把健康的花粉从一朵花传递到另一朵花，家养蜜蜂就能酿造出优质蜂蜜。不过，柠檬花中的多数胚株是在它们拒绝精子之后才结种子的。在其他一些体系中，花粉的产生几乎是多余的。你可以给每朵蒲公英花"去雄"，在花头上罩一个小袋子，这样蜜蜂不可能带来新鲜的花粉粒，但是黄色花盘中 99% 的子房在没有精子的情况下也能够结出种子。

因为一粒由处女生殖而来的种子是对其母株几乎完美的复制，所以它能够顺顺当当地在同样的外部条件下生长。你可以说通过"无配子种子生殖"而来的种子里面的胚仅仅是对母体的克隆，但是几乎完全由同一亲本构成的种群，通过不断重复同样强壮而可育的老套模式，就能够繁盛起来。

你并非总能仅仅通过观察就识别出哪些花凭借处女生殖制造种子，因为一些以这种方式繁殖的植物仍然会制造有花粉且花大或色艳的花朵。你必须把花粉放在显微镜下，才能看到大多数花粉粒内都是畸形、干瘪、或者没有成活的精子。在南美洲，有一定数量的野生乔木和灌木，规则性地发出有许多果实的枝条，它们属于被隔离的施行处女繁殖的桃金娘科蒲桃属（*Eugenia*）、漆树科杧果属（*Mangifera*）和仙人掌科仙人掌属（*Opuntia*）野生品系或者家族。研究表明，北美和欧洲乡间林地与城市公园中很多本土蔷薇科植物黑莓（*Rubus*）、山楂（*Crataegus*）和唐棣（*Amelanchier*）都是通过"无配子种子生殖"的方式来繁殖的。

这也意味着，在一定的自然条件下，只产生雌花的植物在没有开雄花的植物"丈夫"在场的情况下，也能建立起繁荣的"女儿国"。澳大利亚内地的部分地区分布有极具特色的异果木麻黄（*Allocasuarina*）全雌株林地，而在南太平洋一座岛屿上，整个海岸都生长着单性的露兜树（*Pandanus*）。孤独的母代植株与跟她一致的女儿们在沙地上繁衍生息，建立了雌性的树丛。

处女生殖遍及各种开花植物，但是在禾本科、菊科和蔷薇科中尤为常见。的确，在某些蔷薇果里面，一部分种子是以无性的方式制造的。这意味着，这种颇受青睐的灌木与你设法从玫瑰苗圃中清除的菊科蒲公英和禾本科黍属（*Panicum*）植物采取了同样的策略。

玫瑰竟然也通过处女生殖的方式产生种子，这似乎与前面章节中关于花的性行为和传粉的事实相矛盾。那么我们考察一下不同种的野蔷薇（玫瑰）在不同环境下是如何繁盛的吧。许多物种只在稳定的栖息地生长，并且总是通过昆虫进行交叉传粉。不过，犬蔷薇和刺蔷薇也作为侵入性的野生植物而茂盛地生长。几千年的欧洲文明已中断了本土植被的自然演替，蔷薇（玫瑰）被大量用作墓地栅栏、耕地边上的绿篱，或者被栽在马路边，文明的进程加速了蔷薇的殖民扩张。

　　这些有机会主义倾向的植物能制造可食的花粉，有时还会用颜色和香味为花朵打广告，因此它们能吸引来传粉者。在开花季节的尾声，正在成熟的子房中包含了不同种子的混合物，有些是交叉传粉产生，有些则由处女生殖而来。处女生殖的种子在其母株附近生长得最好。当鸟儿吃掉多汁的蔷薇果，把种子传播到远方时，通过"父母"交叉传粉而来的后代能忍受十分恶劣的环境条件，在新的定居点安顿下来。

　　如果所有的水果和谷物都能像蒲公英一样繁殖，多数农民也许会激动得不得了。如果能通过自我婚配或处女生殖确保每种谷物花中的子房成熟并结出种子，我们或许只需要现在农业所用土地的一部分就能生产足够多的食物。我们或许就不用专门考虑何时在果园中放置蜂箱，不用担忧何种杀虫剂会伤害传粉者，也不用忧虑不合时宜的气温或风速会影响到谷物结籽了。

　　现在参观一座农场时，我们会发觉，经过数千年的植物驯化以及保证产量最高的栽培选择，传粉动物和空气流向只起着很有限的作用了。这样的例子很多，如大多数柑橘类水果、香蕉、豌豆（*Pisum*）、燕麦（*Avena*）和草莓（*Fragaria*）等经济作物。不过，经过五千多年，对于另外一些谷物，我们让它们放弃传粉者的企图只取得了部分成功。比如，虽然西红柿（*Lycopersicon esculentum*）的栽培品系已能自花传粉，但是过季种植西红柿的人都知道，只有在温室里放飞野蜂，让它们把花粉从花上振下来，西红柿才能高产。

　　与此同时，绝大多数常见的植物，如葫芦科黄瓜属（*Cucumis*）、蔷薇科苹果属（*Malus*）、李属（*Prunus*）、樱属（*Cerasus*）、樟科鳄梨属（*Persea*）、山龙眼科澳洲坚果属（*Macadamia*），以及杜鹃花科越橘属

（*Vaccinium*）的蓝莓和蔓越莓，都需要传粉者的服务才能获得不错的收成。开发能自花传粉或无性结实的新繁育系，是世界各地农业研究机构的重大任务，但是在多数情况下这是个缓慢而昂贵的过程。我们仍然在等待生物技术可能给作物遗传改良带来的激进式改变。

如果每个后代都既继承适应不变环境的基因，也继承了免除潜伏致命基因的遗传资源，那么，采取自花传粉或"无配子种子生殖"进行近亲繁育，的确是持续种群的一种完美方案。不幸的是，进化的历史表明，栖息地与基因库很少能上演协奏。环境改变了，如果要适应这些变化，幸存的物种就需要更丰富的基因库。难怪蒲公英继续展示着黄色的花瓣，并提供一些可食的包含健康精子的花粉。我在美国、澳大利亚和日本观察过蝇和蜂造访蒲公英金色的花头。在我们人类的脚下，蒲公英保持着开放式的进化选项。据估计，每个花头中仍有 1% 的种子是由交叉传粉生成的。

达尔文正确地指出，大自然憎恶持续的自我受精。大自然之所以厌恶连续自交，是因为时间喜欢与空间（the landscape）游戏。出于贪婪和纯粹的无知，我们已经清洗掉大量植物物种，我们担心是否能一直拥有犬蔷薇。这些灌木必须做的就是，交替进行热烈的有性生殖和处女生殖，并继续渗透到我们的墓园中去。

每天早上献上一千朵玫瑰，你却说：
噢，可是那昨日的玫瑰今安在？

《鲁拜集》（*Rubáiyát of Omar Khayyám*）[1]，菲兹杰拉德英译

第十七章
第一批花朵

你上次参观博物馆或私人收藏，可曾在琳琅满目的三叶虫和鱼骨架展品中看到化石花（fossil flowers）？花也有化石吗？一朵别在绅士的纽扣眼中枯萎的玫瑰花，大概不可能成为石头中的不朽物。玫瑰最特别的地方在于，它又小又弱，被摘下后数小时内就会枯萎。它没有厚壳、铠甲或骨架，很难在沉积层中留下持久的印痕。

古植物学（paleobotany）这门学问历史不长，大部分时间都是在缺

---

[1] 《鲁拜集》是英格兰诗人菲兹杰拉德（Edward Marlborough FitzGerald，1809—1883）编辑并翻译的一部波斯诗作，原作者为奥马尔·哈雅姆（Omar Khayyam，1048—1123，也译作莪默·伽亚谟或欧玛·海亚姆），他是波斯诗人、数学家和天文学家。"鲁拜集"也称"柔巴依"，意思是"四行诗"。郭沫若对这两句的译文是："君言然哉：朝朝有千朵蔷薇带来；可是昨朝的蔷薇而今安在？"

少化石花的情况下研究开花植物进化的最早期阶段，通过比较和对照植物体的某些结构来推断花的时代和起源——这些结构十分坚韧，在石化的软泥中留下了持久印迹。其中包括植物的木质茎、带厚壳的种子、类似坚果的果实，以及大叶片的叶脉纤维和花粉粒的外壁。

化石记录清晰地显示，在接近泥盆纪的末期（大约 3.6 亿年前），树木开始生产类似种子的后代，但是它们还不能做到在花的内部孕育种子。泥盆纪的木质植物既缺少内部管件，也缺少在花轮被中包含胚所需要的叶状"蓝图"。实际上，每粒种子外面只披着一身简单、浅裂的肉质夹克衫，并且附着于类筒状杯的松软基部。一生中，每对种子看起来像一只开放的扇形鸟巢中两枚带尖状突起的卵。这些筒状种子鸟巢的化石被称为"古种"（*Archaeosperma*，"古代种子"的意思）和"石种"（*Spermolithus*，"石头种子"的意思）。科学家认为，这些器官属于现存的 140 种苏铁类植物和银杏（*Ginkgo biloba*）的祖先。

要想发现类似开花植物的植物化石，古植物学家必须搜索比恐龙长期统治的时期更晚形成的沉积层。虽然证据并不充分，但已经收集到的材料暗示，开花植物的祖先生存于 2.25 亿年前到 1.40 亿年前。这些化石包含植物组织和器官印痕，似乎介于真花植物和已灭绝的种子裸露的树木之间。最好的证据发现于 1997 年，它来自中国北京东部、辽宁西部的晚侏罗纪（J₃）地层：在恐龙骨、蜗牛壳和淡水虾所留下的印迹之中，安卧着古果（*Archaefructus*，"古代果实"的意思）的枝条。这块化石展示了最早的在成熟瓶状心皮内形成的种子。虽然古果枝条的茎结构显示，它有着已灭绝的种子蕨树的构造，但是它同样产生了简单而现代的果实，与景天科（Grassulaceae）、木兰科（Magnoliaceae）和毛茛科（Ranunculaceae）的许多成员所结的果实差不多。

　　每个拥有三角龙和霸王龙玩具的孩子都知道，白垩纪（1.44 亿年前到 0.66 亿年前）是恐龙最后的好时光。不过，我也要告诉我们的孩子，正是在白垩纪这一时期，开花植物有了长足的发展。在沉积岩钻井岩芯（由矿业公司慷慨提供）中发现的化石花粉以及蚀刻在叶化石上的维管提供了坚实的证据，证据表明某些现代的植物科系在一亿年前就已经出现了。更重要的是，在 20 世纪的最后 25 年中，人们收集并描述了包含若干雄蕊、心皮、整个花和花茎化石的白垩纪沉积岩。

　　没错，弗吉尼亚，世界上是有化石花的 ①，并且当把它们整合到白垩纪植物的整体信息中时，我们就可以讲述一个令人信服的演化故事了。如此重要的事实为何直到 20 世纪末才引起我们的注意？我们坦率地面对这件事吧。热衷于挖掘恐龙化石的人总是比寻找花化石的人多得多。有趣的植物化石通常要在博物馆的箱子里上待几十年，才可能有合意的古植物学家找上门来。更为重要的是，最早的花朵只生产极微小的器官，它们的直径很少有超过八分之一英寸（即 0.3175 厘米）的。如果你不注意比例的话，很可能错过重要的发现。

　　石化花的编年表会让人强烈感受到花在大小、性别和融合方面的进

① 这句话模仿了一个典故。1897 年 8 岁的小女孩 Virginia O'Hanlon 写信给《纽约太阳报》（The New York Sun），问是否真的有圣诞老人，因为她周围的一些小朋友说根本就没有圣诞老人。面对一个孩子，如何回答这样一个复杂的问题，什么是"真相"呢？聪明的太阳报编辑 Francis P. Church 给 Virginia 写了题为"没错，弗吉尼亚，真的有圣诞老人（Yes, Virginia, There is a Santa Claus）"的著名回信。信中说：那些小朋友的看法并不正确。在这个怀疑一切的年代，他们也被这种论调影响了。不能亲眼见到，他们就不愿相信。没错，弗吉尼亚，世界上是有圣诞老人的。就像有爱，有无私，有奉献存在一样。你也晓得，正因为生活中有它们相伴，你们生命中才会拥有那些最美好、最欢乐的时光。天哪，要是没有圣诞老人，这个世界会变得多么单调！简直就要像没有弗吉尼亚一样无趣了。倘若没有孩子一般天真的信仰，也就不会有诗歌，不会有浪漫来给我们的生活带来希望。我们除了直接所感所见以外，却无法感受欢乐。那样的话，童心赋予世界的永恒之光或许就熄灭了。

化过程。[①] 最古老的开花植物化石只是在最近才得到描述，我们必须视之为中国给全世界的礼物，因为到目前为止，最早的植物化石都产于中国辽宁省义县的岩层。化石岩层的年龄大约在 1.25 亿年，由此推断，最早在软泥上留下印痕的活体植物生活在白垩纪。吉林大学（位于中国长春）的孙革教授和佛罗里达大学（美国）的迪尔切（David Dilcher）博士将这些古植物命名为"古果"（*Archaefructus*）。在辽宁发现了三种不同的古果化石，现在人们将它们划分为三类名称不同的种。其中，中华古果（*Archaefructus sinensis*）于 1998 年首次在一个湖边岩层中被发现并得到描述。随后辽宁古果（*Archaefructus liaoningensis*）发现于 2000 年，但始花古果（*Archaefructus eoflora*）直到 2004 年才被命名。

对这些化石的分析与重建表明，它们属于纤弱的小型水生草本植物。它们的茎在水下长出精致的羽状叶片。古果植物到了"开花"的时候，可能会将一根无叶的茎伸出水面，把繁殖器官暴露在干燥的空气当中——这根繁殖茎的下半部分长着若干对能制造花粉的雄蕊。同一根茎的上端长着雌性器官（心皮）簇。没错，我们可以用"心皮"这个词，因为它的每个雌性器官都有一个真正的子房，一个与接收花粉的柱头直接相连的中空的拇指形子房。

有的化石显示，其成熟果实沿一条小缝裂开从而释放出种子。所有这些古果的茎上都找不到萼片或花瓣的证据。这也是为何植物学家不能判定每根"弯曲的筷子"是一朵单独的小花还是一根下部长满雄花、上部长满雌花的原始的长枝。因为这些植物生活在水里并且有羽状

---

① 为了反映古植物学研究自本书英文版 1999 年出版后的新进展，并纠正若干过时的表述，经出版社的同意，作者特别为中文版而修订了本章中的许多段落。从这段开始，一共有五个落段几乎全部重写过。

的叶，所以有些从事植物分类的科学家认为，它们是现存的水盾草属（Cabomba）植物已灭绝的近亲，水盾草是与真正的睡莲（Nymphaea）有亲属关系的水生草本植物。

次古老的化石年龄估计在 1.20 亿年左右，因此它也属于白垩纪。这是一种小型藤本或者匍匐植物，生长于澳大利亚维多利亚州东南地区吉皮斯山地现在被称作"康瓦拉"（Koonwarra）的地方。康瓦拉藤化石于 1986 年出土，在中国的古果被发现之前，它被作为支持一个古老理论的一种证据：第一批开花植物是从南半球某地开始进化的，其种子传遍了被称作冈瓦纳（Gondwana）的联合南方超级古陆。[①] 许多科学家至今仍相信，南方的冈瓦纳大陆裂解后，一些板块向北漂移并与北美板块和部分欧亚板块（包括中国）碰撞；在此过程中，南半球的开花植物在数百万年间向北迁移。不过由于辽宁古果化石比康瓦拉化石年龄上更大一些，花在地球上起源于南方大陆然后缓慢向北迁移的理论，就不再成其为一种有用的理论了。现在看来，很可能是在中国长出世界上第一批开花植物，在漫长的历史中它们的种子完成了向西方和南方的迁移。

不过康瓦拉化石仍然耐人寻味，因为它一方面不同于古果，另一方面又与在中国新发现的古果享有一些共同的特征。康瓦拉化石中的藤本植物最初被掩埋在淤泥中时，茎上素朴的小花正好从叶下绽放出来。这也是为何一开始这种植物被认为是一种长着典型孢子体的蕨（fern）的单叶（simple frond）。这是由于没有仔细观察导致的。1990 年，两位来自耶鲁大学的科学家再次研究那些化石，终于认识到那些初看起来像孢

---

① "冈瓦纳"是地学中的大陆漂移学说所设想的一个超级古陆，它既包括如今南半球的南极洲、南美洲、非洲、马达加斯加、澳大利亚、新几内亚和新西兰，也包括如今北半球的阿拉伯半岛和印度次大陆。冈瓦纳（Gondwana）一词来自梵文。

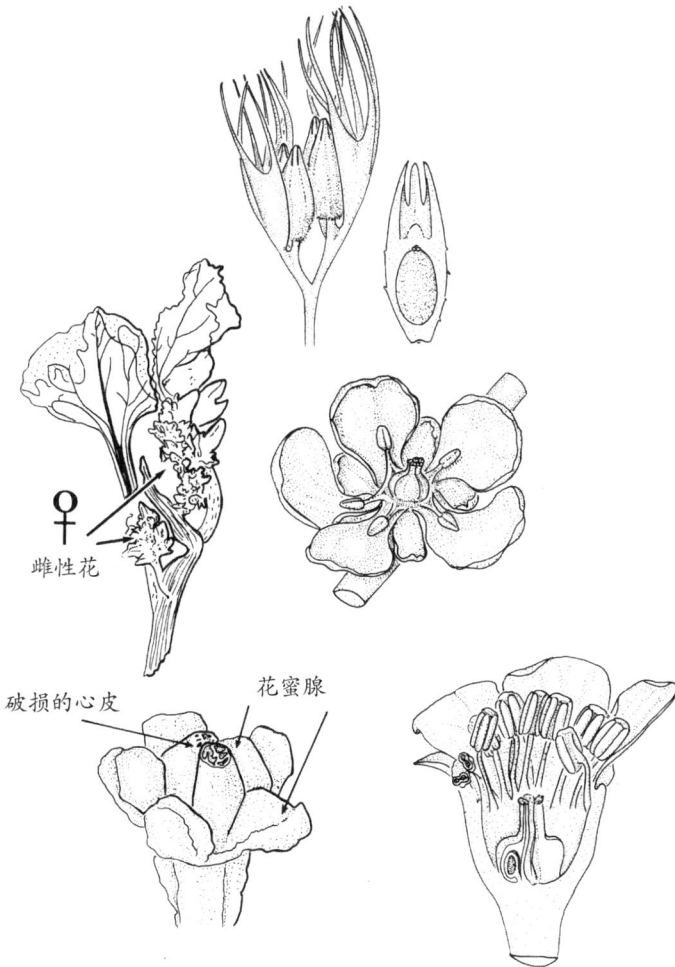

化石花的重建图。上图："古种"（*Archaeosperma*）的繁殖枝，右侧为类似种子的器官，年龄3.60亿年。中图：左侧为康瓦拉（Koonwarra）化石，植物长有一簇很小的、有简并的叶保护的雌花，年龄1.20亿年。右侧为完备的双子叶植物的花，年龄1.00亿年到0.80亿年。下图：左侧为来自瑞典的有膨起花蜜腺的花，年龄0.70亿年到0.66亿年。右侧为古蔷薇（*Paleorosa*）的纵切面，年龄0.50亿年到0.45亿年。梅尔斯绘制。

子体的东西，实际上是针孔般大小的花簇的印痕。

　　在康瓦拉化石中发现的花全都是雌性的，并且比在中国古果的长茎上所见的器官要小得多。每一朵康瓦拉小花都完全由单一心皮构成，类似于古果植物的心皮。雌性的康瓦拉花与古果一样，也没有萼片和花瓣，但是康瓦拉藤有若干酷似小阳伞（parasols）的小叶用来保护它的小花。康瓦拉花没有花瓣、萼片和雄蕊，因而每朵花都是不完备的（器官类型小于四种）和不完全的（为单性花）。康瓦拉藤的雄花在哪里？过去从未有人发现过，到目前为止也没有。一种可能是，雄性的康瓦拉花长在同株植物的其他茎上，正像现代的壳斗科栎属（Quercus）或者金缕梅科枫香树属（Liquidambar）植物中雄花和雌花分别长在不同的枝头一般。第二种可能是，早在白垩纪，雄花（产生花粉）和雌花（产生心皮）就是分开的，正如今天我们谈到的雌雄异株的薯蓣科薯蓣属（Dioscorea）植物或者桑科大麻属（Cannabis）植物不同的雄株和雌株一般。

　　正如前面所提到的，植物学家在古果与现代的睡莲科成员之间看到了相似性。相比之下，康瓦拉化石不能与任何一种现代的开花植物匹配。如果从那时起只前行 7 万年，我们就会发现开花植物已经侵入北美和亚洲的一些地区。这些白垩纪化石几乎与康瓦拉化石一样小。它们仍然没有花瓣，但是它们在花的性别上已经增加了重要的东西。这些化石中有些具备了已知最古老的完全（两性）花的形式，在同一朵花上能找到雄性和雌性器官。心皮也从一个增加到了八个，有的聚合在一起，形成了坚硬的小坚果（nutlets）。

　　雄蕊只由子弹形花药中的花粉囊构成，直接贴在花的底部，中间没有长长的花丝。来自白垩纪这一时期的花朵，可以与温带的悬

铃木科（Platanaceae）植物进行对比。有的花很像木本的金粟兰科
（Chloranthaceae）植物上的小花，金粟兰科是木兰科的远亲。

　　花的下一个巨大创新阶段发生在大约 1 亿年前。小小的单性花继续
演化，有一些聚集在一起，形成了现代的柔荑花序。两性花化石上面有
萼片和花瓣，这一令人信服的证据表明，第一朵完备花已经到来。来自
捷克共和国、内布拉斯加和新泽西的若干岩石提供了一些植物化石种
类，它们每个花轮被中有 5 到 10 个器官，这与如今的双子叶植物的情
况差不多。下位子房（inferior ovary）也在这一时期进化形成，聚合于

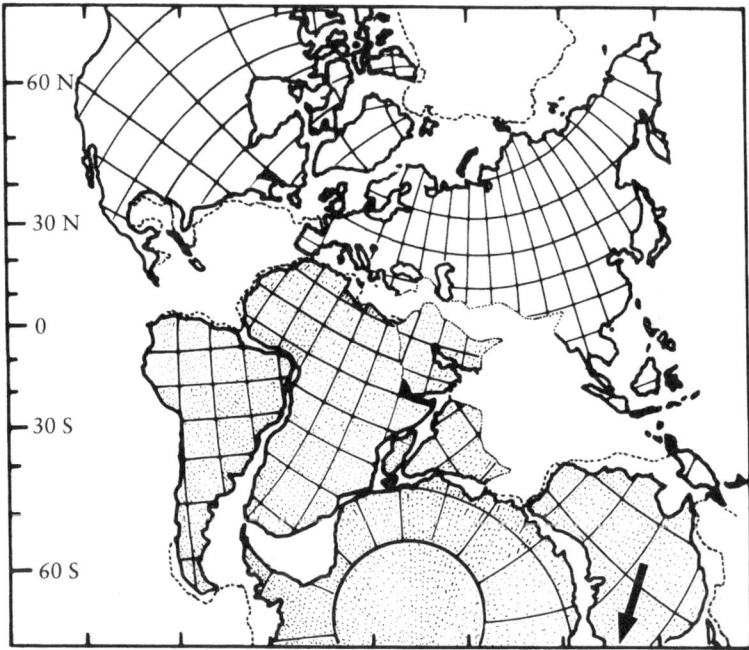

1.30 亿年前到 1.20 亿年前各大陆的相对位置图，根据弗里曼出版公司 1999 年出
版的《植物生物学》第 6 版改绘。曾经构成冈瓦纳超级大陆的陆块标上了黑点。
箭头所指的地方就是康瓦拉植物曾经生长过的大致地区。

心皮上的器官外轮被已经出现。这些灭绝的上位花（epigynous flowers）中的一部分与现代桃金娘科（Myrtaceae）成员的花有一些共性。

对我个人来说，这一时期最令人激动的发现是第一批真正的大花的化石。这些大花生长在最终成为位于堪萨斯的林恩柏格（Linnenberger）家族大牧场的陆地上。"古花"（Archaeanthus，意思是"古代的花"）是一种小树，它把数百个以连续螺旋形式存在的雄蕊和心皮组织成一个大花，大花外面有 5 片花被片（tepals）。在一生当中，"古花"的花可能既像北美鹅掌楸（Liriodendron）酒杯状的花，也像某些我们颇欣赏的亚洲木兰科植物高贵的花。

来自瑞典和西班牙的花化石表明，在 0.90 亿年到 0.75 亿年以前，有的远古灌丛生长在一些时常受到森林大火炙烤的地区。这些植物的花以木炭化石的形式精美地保存了下来，它们属于我们已发现的最小的花，宽度只有十六分之一英寸。不过，仔细检查花的形状和器官的聚合方式，我们就会意识到，那个时候可能已经有了蔷薇科、虎耳草科（Saxifragaceae）、胡桃科（Juglandaceae）、壳斗科和杨梅科（Myricaceae）植物。这时期的一些花可能是第一批以花蜜回报动物的花，因为浅裂或圆盘状的腺体已经在雄蕊和心皮之间出现了。

到了白垩纪的末期（0.70 亿年前到 0.66 亿年前），花的形状仍然在改变着。有些花在浅杯形或盘形基础上有所发展，将花瓣联合起来，聚合成硬朗的小管和漏斗。进而，一些化石显示花瓣和萼片出现一些不规则的发育形态，这预示着不同于旋转（辐射）对称的两侧对称的开始。袜偶形的花出现在类似姜科和芭蕉科植物的物种上。

从白垩纪末期开始，把已找到的全部花、果、叶、木和花粉化石组合起来，科学家发现许多现代植物类群的"祖父"辈已经很好地建立起来了。我已经提及悬铃木、橡树和核桃树的早期兴起，但是到白垩纪末期，棕榈科（Areacaceae）植物也在同样温暖的森林中出现了。睡莲科在湖上出现，周围有杨梅科杨梅属植物、木兰科木兰属植物、樟科樟属（Cinnamomum）植物构成的树林。残留的叶片表明，白垩纪见证了超过150种桑科榕属（Ficus）植物的进化。你可以想象一下，这些植物究竟是为恐龙准备了葬礼花圈，还是为欢迎哺乳动物时代的到来准备了鲜花和果篮？

在我着手概括最近0.65亿年花多样性（flower diversity）的特点之前，让我们回过头来思考一个重要的问题。是传粉者塑造了白垩纪花朵进化的大趋向吗？

奇怪的是，食花粉昆虫的化石远比化石花的记录早。比如，鞘翅目象甲总科（Curculionoidea）和双翅目短角亚目（Brachycera，包括现代网翅虻科在内的一个大的类群）的昆虫，在1.63亿年前到1.44亿年前的晚侏罗世（J_3）末期就已经在访问种子植物了。

不过，关于采食花粉的虫子还有更早的记录。来自俄罗斯岩层的已灭绝昆虫的化石将时间回溯到了大约2.80亿年前的早二叠世，这种昆虫长有类似脸谱的翅，叫做古直翅类（Archaeorthopterans）。[1] 这些昆虫死亡的时候，包含花粉的粪便被从身体中挤压出来，并最终与昆虫压扁的尸体印痕一起变成了石头。

1995年，科学共同体被来自东亚利桑那一根石化圆木内的一具化石震惊了。石化的树干中保存着一个巢穴，很像独栖蜂的巢。经调查这棵化石树属于裸子植物。虽然没找到蜜蜂，但是一排排蜂巢的设计几乎

① 此处相比于英文版有修订，作者用新的更规范的说法换掉了原来的说法。

完全类似于现代隧蜂科（Halictidae）短角汗蜂的蜂巢。据估计，此巢穴的历史已有 2.20 亿年之久。

为什么在花进化之前就有了采花的蜂、蝇和甲虫呢？生物学家提供了两种解释。第一种观点是，依据茎和叶的残迹，花的历史可能要远远地追溯到白垩纪之前。科学家仍然在寻找它们的化石（请记住，康瓦拉化石直到 1986 年才被发掘出来）。我同意多数古植物学家的见解，开花植物的摇篮可能出现在比白垩纪早许多的地质时期。

不过，第二种解释对于花的进化史更加重要：采食花粉的昆虫可能比最早的花要年长一些，因为它们过去可能满足于以种子裸露的木本植物的花粉粒（雄配子体）为食。最早的象鼻虫、蜂、蝇采食雄球花（male cone）提供的花粉，并饮用从裸露未受精种子（胚珠）的传粉滴（pollination drops）上渗出的糖质分泌物。

即使在今天，昆虫仍然会为某些裸子植物传粉。墨西哥和佛罗里达的象鼻虫为苏铁传粉。在新几内亚和沙捞越（Sarawak），螟蛾科（Pyralidae）、尺蛾科（Geometidae）和蝇类 4 个科的一些代表都为买麻藤科买麻藤属（Gnetum）植物传粉，同时饮用暴露的胚珠分泌出的有甜味的绿色液滴。在以色列，一些小蝇造访麻黄科麻黄属（Ephedra）树丛的鲜球花（cone）。[①] 对我们而言这是好事，因为它们正在为人体药用麻黄素的最早原料传粉，麻黄素是很早就为人所知的一种治疗气喘和鼻塞的有效药物。这意味着，白垩纪花朵进化的历史，实际是开花植物如何从占统治地位的裸子植物森林中"掠走"动物传粉者的故事。

在白垩纪，有些裸子树木长得很高大，它们受伤时会分泌出一大堆

---

① 买麻藤科和麻黄科，与苏铁科、银杏科、松科、红豆杉科等等一样，为裸子植物中的科。

发粘的树脂，致使许多无辜的昆虫落入其中。我们称这种树脂变成的化石为琥珀，个别珍品中神奇地留下了采花昆虫的记录。来自黎巴嫩的琥珀记录了早期吃花粉蛾子的一些白垩纪物种。一块来自新泽西、估计有0.80亿年到0.70亿年历史的宝石，提供了关于一种已灭绝的热带无刺蜜蜂的若干信息，这种蜜蜂名叫原始无刺蜂（*Trigona prisca*）。

在我看来，白垩纪花化石的变迁表明，花与其昆虫传粉者之间的互动变得越来越精致而且特化。我们可以比较一下康瓦拉化石上的小雌花与现在生长在路易斯安那州的三白草科美洲三白草（*Saururus cernuus*）上的两性花。杜兰（Tulane）大学的希恩（Leonard B. Thien）博士和他在诺克斯维尔田纳西（Tennessee）大学及美国农业部（U. S. D. A.）林务局的同行完成了对这种花的一项研究工作。他们发现，美洲三白草的花又小又简单，以至于造访的甲虫、蜂、黄蜂及吹过的小风，都对花粉从一株植物到另一株植物的迁徙有贡献。因此，简单、未特化的康瓦拉藤的花，或许也依靠气流与小昆虫的组合作用而结种吧。

作为对比，在比康瓦拉化石更年轻的物种中，花中有部分器官已聚合在一起，这表明花的构造已经发生改变，用来限制具有不同取食习性的动物进入。我敢打赌，真正的花蜜腺的进化是终极忠诚测试。最早的花所能提供的唯一香甜可口的回报，就是柱头顶端渗出的果冻状粘胶。这种东西类似于裸子植物球花上裸露的胚珠分泌的液滴中溶解的营养物质。

可是，一旦花朵上出现花蜜腺能稳定而慷慨地提供含糖饮品和氨基酸，那么昆虫就可能舍弃裸子植物的球花，而向能够分泌真花蜜的真化进发。裸子植物就算与真花竞争，也缺少提供香甜回报的装备。采食花蜜对小型攀爬性哺乳动物的饮食来说，可能是一项重要的加餐计划，对于在晚白垩世（K_2）就已在树枝间攀爬的早期有袋类动物和树鼩来说尤其如此。

在哺乳动物的时代（三叠纪，始于 0.65 亿年以前），开花植物繁盛起来，而裸子植物衰落了。虽然在长球花的浓密裸子植物森林的大背景下零星点缀少许开花植物（被子植物）是早白垩世（K_1）的特征，但是三叠纪却见证了球花植物在大多数热带和暖温带地区让位于开花的乔木和灌木。

不过，我的科研同事却认为，不应把今日开花植物的胜利完全归功于它们的动物传粉者。开花植物也进化出一系列技巧，在漫长的时间里，这些技巧使得植物在周围环境遭受自然灾难性冲击时能够获得较大的优势。与裸子植物相比，开花植物更能灵活应对不利的外部条件。

例如，开花植物有着比裸子植物更多的生长形式，它们可以在不同寻常的生境下繁盛起来，比如没有真正土壤的陆地、阳光很不充分的地方，以及淡水或咸水中。开花植物还包含能使水从根到茎的运输更为快速有效的细胞，在这方面其表现也比长球果的乔木或灌木强。还有一点要提到的是，在真花内，种子受精和成熟的过程都比在球花内要快。在三叠纪，冰川退去和干旱条件过后，开花植物比裸子植物更迅速地重新占领了陆地。

由于这些适应性使生存变得更为容易，所以它们可能启动了我们哺乳动物时代第二波的花实验。从这一时期的化石上已经能够看到，最早的蝶形花长有夸张的旗瓣和龙骨瓣。在 0.45 亿年前，天南星科喜林芋属（*Philodendron*）已经出现，它们长着兜状的花苞片，能够捕到易上当的飞蝇。噢，对了，对玫瑰来说这也是一个特殊的时期。

在加拿大英属哥伦比亚的普林斯顿附近一个岩石露头上，出土了斯密尔卡米古蔷薇（*Paleorosa similkameenensis*）化石，据估计其年龄也在 0.50 亿年到 0.45 亿年。犬蔷薇和"美国丽人"①的老祖宗长着一种很不起眼的花，它只包含 19 枚雄蕊和 5 个心皮。花的剖面展示了 5 个萼片（虽然 5 个兄弟都没长胡子）的现代式安排，萼片、花瓣与雄蕊都聚合在一起，形成了我们在野蔷薇丛上可以看到的令人羡慕的周位花（perigynous flowers）。

我必须强调指出，花朵的大量新奇变化发生在哺乳动物的时代。特别是，化石花显示，包含花蜜的管子和距的长度增加了，这表明动物的口器已经延展、伸长了。要记住，这个时代是温血动物多样化大发展的时期，因此必定也是几乎所有鸟类和蝙蝠传粉的肇始时期。

新的昆虫已经出现了。与白垩纪啃噬花粉的蛾子形成对比的是，最古老的蝴蝶化石年龄可能不到 0.40 亿年。这有助于解释为什么某些蝴蝶在为花传粉时动作还不太娴熟。我们都知道，初恋期间虽然投入，却也经常由于笨拙和自私而把事情搞得很糟。

1879 年，达尔文给伦敦皇家植物园邱园的园长胡克（Joseph Dalton Hooker，1817—1911）写了一封很有名的信。由于在花的最早期历史方面缺乏坚实的证据，达尔文感到很沮丧，他称开花植物的起源是"一个可恶的秘密"。他有权利感到不爽，因为那时对化石植物的研究尚处于摇篮期。我们应当感谢达尔文对这一主题保持兴趣，他对现存花朵的形态与功能进行了实验研究。

正如你所见，关于第一批花朵和当今现存物种的丰富性仍然存在大量未解之谜。科学家希望寻找比白垩纪还古老的化石，以弄清叶片首次

---

① "美国丽人"（American beauties）是一种能四季开花的深红色杂交玫瑰，最早是在法国繁育出来的，1875 年由植物学家 George Valentine Nash（1864—1921）引入美国。

将未受精的胚珠包裹起来从而形成瓶状子房的时间。具有最原始结构的现存花朵一直是靠气流或小型原始动物来传粉的吗？第一批两性花如此微小，那么它们是交叉传粉还是自花传粉呢？有可能绘出香腺、花色素和花蜜指示的进化时刻表吗？这类问题是一些令人激动的秘密，假以时日，再加上持续的热情以及新的技术，我们有可能解决它们。

　　与此同时，有人坚持认为进化是件糟糕的事情，因为恐龙和大型陆地哺乳动物（如猛犸和地懒）在进化中灭绝了。你会对这样的人说什么？告诉这个过度悲观主义者，我们身处最大、最广泛、最长久并且最复杂的野花时代，我们很享受。谁会愿意用我们的玫瑰去换取一只霸王龙呢？

有关花的术语解释

adnation，异质愈合、贴生。同一朵花中不同器官结合在一起，如心皮（carpels）与雄蕊（stamens）联合起来形成合蕊柱（column）。与同质愈合（coalescence）形成对比。

agamospermy，无配子种子生殖。不经过精子（sperm）和卵细胞的性结合，在种子中形成胚（embryos）。中文也称"无融合生籽"或"无融合生殖"。

androecium，雄蕊群。一朵花中一组雄蕊（staments）或多组雄蕊的总称。

angiosperms，被子植物。开花并在花内形成种子的植物。

anther，花药。雄蕊顶端膨大部分，由制造花粉（pollen）的浅裂囊组成。

calyx，花萼。一朵花中的一组萼片（sepals）或多组萼片的总称，作为外轮花被对花芽形成保护。

carpels，心皮。包含胚珠（ovule）的雌性器官，构成叫做雌蕊群（gynoecium）的中央单雌蕊或复合雌蕊。也叫大孢子叶。

coalescence，同质愈合、粘联。花中同种轮被（ring）结合在一起，比如花瓣相连形成一个漏斗或钟形。也称作同质合生（connation）。与异质愈合（adnation）形成对比。

column，合蕊柱。同一朵花中，雄蕊（stamen）与心皮（carpel）或雌蕊（pistil）结合在一起的一种结构。在兰科、萝藦科和花柱草科植物中常见。

complete flower，完备花。一朵花中包括四种不同的器官：萼片（sepals）、花瓣（petals）、雄蕊（stamens）和心皮（carpels）。

corolla，花冠。一朵花中花瓣（petals）的总称，可能为一轮或多轮。内轮花被。

dioecious，雌雄异株的。在同一植物种群中，雄花和雌花分别长在不同的植株上。这样的植物有不完全（imperfect）花。与雌雄同株（monoecious）形成对比。

embryo sac，胚囊。在准备接收精子的未受精的种子中，细胞所形成的一种多变的结构，即开花植物胚株内的雌配子体。每个胚囊中至少包含一个卵细胞和两个极细胞（polar cells）。

epigynous，上位的。子房（ovary）处于花朵其他部分的下部，花的其他器官（雄蕊、花瓣和萼片）着生在子房的顶部。这一概念是针对"花"而言的，因此"上位花"一般对应于"子房下位"。与下位的（hypogynous）、周位的（perigynous）形成对比。

exine，外壁。花粉粒两层壁的外层，一般有奇特的造型，由称作孢子花粉素（sporopollenin）的天然塑料组成。

flower，花。植物高度简缩的枝（branch）。为植物体的生殖部分。由一轮或多轮变态叶组成，其中未受精的种子（seeds）包藏在瓶状的子房（ovaries）里面。具雄蕊或雌蕊，或者两者兼具，通常还包括萼片，或萼片和花瓣（这两者合称花被）。

gymnosperms，裸子植物。能结果但不开真花的植物。种子不产生于子房，而通常生产于球果（cones）中。裸子植物种子裸露，在花粉精子受精前后种子（胚珠）始终暴露于空气之中。

gynoecium，雌蕊群。位于一朵花中央的所有心皮或雌蕊的总称。

hypogynous，下位的。子房处于花朵其他部分的上部。心皮在花中是处于最高位置的器官。与上位的（epigynous）、周位的（perigynous）形成对比。

imperfect flower，不完全花。只包含雄性器官（雄蕊）或只包含雌性器官（心皮）的单性花（unisexual flower）。

imcomplete flower，不完备花。花朵中不同器官的类型少于4种。

intine，花粉粒的内壁，由纤维素（cellulose）和其衍生物组成。

monoecious，雌雄同株的。在同一种群的每一植株上都长有两种不同的不完全花（分雄花和雌花）。

nectar，花蜜。一种富含糖和其他营养物质的流质分泌物。

nectar guide，花蜜指示标。花朵表面上对比明显的色块，用以指示花朵上花蜜所在的位置。

nectary，花蜜腺。一种能分泌花蜜的腺体。

osmophores，香腺囊。花朵上能够产生芳香气味的膨大部分。

ovary，子房。心皮的室状基部，包含一个或多个未受精种子。

ovule，胚珠。未受精的种子。

perfect flower，完全花。同时包含雄蕊和心皮的两性花。

perigynous，周位的。子房处于上部，周围由萼片、花瓣和雄蕊聚合在一起所形成的联合套筒或管状物环绕。在周位花中，心皮不会被埋藏于复合的花套筒之下。与下位的（hypogynous）、下位的（hypogynous）形成对比。

petals，花瓣。扁平状、不育的花器官，通常有颜色并有香味。各个花瓣合起来构成花冠（corolla）。

pistil，雌蕊。花的雌性生殖器官。一朵花中所有心皮聚合在一起所形成的一种结构，外表像一个大心皮。

pollen，花粉。指裸子植物的小孢子囊，或者被子植物的花药中所产生的雄性配子体，它是一种有活性的微粒。每个花粉粒（pollen grain）包含一个管状细胞，此管状细胞与一个或两个精细胞（sperm cells）相连。这些细胞外面被一种坚硬的双层壁包裹着。

pollen coat，花粉外套。大多数花粉粒表面附着的一层脂肪微粒和蛋白质薄膜。通常含有色素芳香分子，使花粉粒具有独特的颜色和气味。

pollinium，花粉块。诸多单个花粉粒聚集在一起所形成的肉眼可见的小块或小球体。

polygamous，杂性的。在同一时间，植株同一茎上既有单性花又有两性花（bisexual flowers）。

protandry，雄蕊先熟。指这样一种情况：两性花中所有雄蕊在心皮成熟和准备接收花粉之前就释放花粉并枯萎。

protogyny，雌蕊先熟。指这样一种情况：两性花中所有心皮在雄蕊释放花粉之前就已接收花粉并枯萎。

self-incompatibility，自交不相容性。心皮辨识并拒绝来自同种植物或者来自享有相同基因之植物花粉的一种生物化学能力。

sepals，萼片。扁平状、不育且经常呈叶状的器官。一组萼片组成花的花萼（calyx）。

sporopolenin，孢子花粉素。一种组成花粉粒外壁的天然塑料。有些生物化学家推测，孢子花粉素由某些构成维生素 A 的分子组成。

stamens，雄蕊。花朵中制造花粉的雄性器官，全部雄蕊合起来构成雄蕊群（androecium）。

stigma，柱头。心皮上含腺体的端点，能够接收和处理落在上面的花粉。

style，花柱。心皮的颈，连接柱头（stigma）和子房（ovary）。花粉管（pollen tubes）通过花柱向下生长，并抵达子房（ovary）。

tapetum，绒毡层。花药（anther）内一层特殊的细胞。它们滋养花粉粒（pollen grains），建造花粉粒的外壁，并且通常用一种含油脂的花粉外套（pollen coat）来装饰花粉的外壁。

tepals，花被片。围绕花的一轮或多轮扁平状不育结构，特征介于花瓣和萼片之间，如百合属和睡莲属植物的花被片。有时也将花瓣和萼片统称为花被片。

参考文献及相关说明

注：带星号 * 的文献比较学术化或专业化，在北美一般性的图书馆中可能无法找到。我们鼓励读者利用馆际互借服务，或者光顾由植物园的图书馆、树木园的图书馆以及设置有生物系、动物系和植物学系的大学的图书馆。

导言 超越花店

Goody, J. *The Culture of Flowers*. Cambridge, England: Cambridge University Press, 1993. 关于家养花卉对非洲、欧洲和亚洲社会之影响的一项有趣的研究，描述了花在艺术、文学、政治和宗教中的运用。

Hollingsworth, B. *Flower Chronicles*. New Brunswick, N. J.: Rutgers University Press, 1958. 作者关注了相关的民间传说，以及如何将花用于香水、医药和

膳食中。本书与上面 Goody 的著作形成了很好的对照。

Le Rougetel, H. *A Heritage of Roses*. Owings Mills, Md.: Stemmer House, 1988. 花园玫瑰是时尚的先锋，本书讲述了原产于中欧、印度和中国的玫瑰的谱系。

*Moyal, A. *A Bright and Savage Land*. Ringwood, Victoria, Australia: Penguin Books, 1986. 一部有特色的澳大利亚历史著作，主要讲述来到澳大利亚研究植物和动物的科学家、博物学家的生活和成就。

第一章　兄弟情与姐妹屋

*Eames, A.J. *Morphology of the Angiosperms*. New York: McGraw-Hill, 1961. 这部书促使我研究"原始"花和"高级"花的进化。作者对珍稀花卉器官的素描图，在当代讲述花解剖学和花形态学时仍需用到。

*Endress, P.K. *Diversity and Evolutionary Biology of Tropical Flowers*. New York: Cambridge University Press, 1994. 作者是最早认识到扫描电镜可以作为一种很好的工具用于研究花发育的植物学家之一。这部书包含了一些他拍摄的最好的图片，展示了花器官在花苞内如何生长、折叠以及联合起来。

*Raven, P. H., R. F. Evert, and S. E. Eichhorn. Biology of Plants. 6th ed. New York: Freeman, 1999. 这部有影响的教科书提供了标准的植物生活研究导论。其中第 21 章和第 22 章提供了花器官解剖学和进化的一种当代导论。

第二章　完美的限度

Meyerowitz, E. M. The genetics of flower development. *Scientific American*（November 1994）: 56-65. 科学家通俗介绍了自己对十字花科拟南芥的早期实验如何改变了花轮被的数目。

*Reynolds, J., and J. Tampion. *Double Flowers: A Scientific Study*. New York: Scientific and Academic Editions, 1983. 商业种植者和业余园丁理解花突变的一种实用进路。包含许多案例分析，后面附有已知重瓣花的列表。

Schiebinger, L. The loves of the plants. *Scientific American* （February 1996）: 110-115. 作者指责植物学术语有大男子主义色彩。

*Willson, M. F. *Plant Reproductive Ecology*. New York: Wiley, 1983. 一种植物能够

"花费"多少资源来进行繁殖？本书详细解释了植物性表达的常见形式与稀有形式之间的差别。

第三章　比萨饼上的小猪

*Porter, C. L. *Taxonomy of Flowering Plants*. San Francisco: Freeman, 1967. 此书已经脱销，但值得查阅，因为它用简明的图解形式说明了花各个部分的聚合方式。

*Weberling, F. *Morphology of Flowers and Inflorescences*. Cambridge, England: Cambridge University Press, 1989. 作者既关注构造，也关注支撑花的枝的构造。他特别考察了花器官的聚合如何改变了花的对称性。

第四章　何时开放

*Bernier, G., J. M. Kinet, and R. M. Sachs. *The Physiology of Flowering*. Vols.1 and 2. Boca Raton, Fla.: CRC Press, 1981. 显微摄影图片展示了叶芽如何拉长并转变成花芽。作者比较了与开花的化学基础有关的理论，他们是第一批攻击开花素（anthesin）假说的人。

* Salisbury, F. B. *The Biology of Flowering*. Garden City, N. Y.: Natural History Press, 1971. 虽然自这部书出版后已经又出现许多新的进展，但是作者仍然提供了与主题相关的最可读的导论，书中强调了环境调节的作用。

第五章　何时凋零

Bauer, H., and S. Carlquist. *Japanese Festivals*. Tokyo: Tuttle, 1974. 除了提供关于到哪里以及看什么的信息外，此书还传达了作者对谷粒、花朵和水果使用仪式的鉴赏。

*De Barios, V. B. *A Guide to Tequila*, Mezcal, and Pulque. Mexico City: Minutiae Mexicana, 1971. 这部小册子讲述了龙舌兰饮品的历史，以及这类植物是如何被开发利用的。此书也纠正了关于此类饮品功效和制造方法的一些误解。

*Primack, R. B. Longevity of individual flowers. 收录于 *Annual Review of Ecology and Systematics*, ed. R. F. Johnston, P. W. Frank, and C. D. Michener, 15-38. Palo

Atto, Calif.: Annual Reviews, 1985. 这里报告了一项详尽的研究结果，其中使用了杜克大学温室中的植物，并利用了在南美和新西兰的田野研究数据。

第六章　花粉、罪犯、政治与虔诚

*Hodges, D. *The Pollen Loads of the Honey Bee*. Facsimile ed. London: Bee Research Association and Precision Press, 1974. 这是作者写给 20 世纪 50 年代英国读者的作品，既有令人着迷的事实描写，也有数十种植物花粉的彩色绘图。

* Iwanami Y., T.Sasakuma, and Y. Tamada. *Pollen: Illustrations and Scanning Electronmicrographys*. Berlin: Springer-Verlag, 1988. 或许编辑应当纠正书中的一些拼写错误和语法错误，不过书中的图片对花粉的形状和花粉壁的模式给出了很好的介绍。

*Nilsson, S., and J. Praglowski, eds. *Erdtman's Handbook of Palynology*. 2nd ed. Copenhagen: Munksgaard, 1992. 这是一部已被更新的所有花粉教科书的始祖。感谢丹麦科学家在过去的一百多年里在这方面作出的许多贡献。

第七章　富有成果的结合

*Heslop-Harrison, Y., and K. R. Shivanna. The receptive surface of the angioperm stigma. *Annals of Botany* 41（1997）: 1233-1258. 这两位科学家首先利用扫描电镜比较了上百个物种的湿柱头与干柱头。

*Niklas, K. J. *The Evolutionary Biology of Plants*. Chicago: University of Chicago Press, 1977. 这是近期少有的强调现存植物与很久以前就已灭绝的植物之间连续性的著作。第四章比较了球花与真花的受精系统。

第八章　原始吸引

*Arctander, S. *Perfume and Flavor Material Origins*. 作者个人出版, Elizabeth, N. J., 1960. 解释了分子骨架，并提醒读者，一种化学物质在不同的浓度下会有非常不同的气味。许多研究天然化合物的实验室，仍然把这部著作当做重要的纲要。

*Dafni, A., R. Menzel, and M. Giurfa, eds. Insect Vision and Flower Recognition.

Special Issue, *Israel Journal of Plant Sciences* （Hebrew University of Jerusalem）（March 1997）. 有 32 位科学家为此专集撰写了论文。它将昆虫学家和植物学家的工作联合起来，提供了对这一主题的最新讨论。

*Lake, M. *Scents and Sensuality: The Essence of Excitement*. London: Futura Publications, 1989. 一位退休的澳大利亚医生研究了化学与气味文化之间的关系，其中重点考察了商业香水、葡萄酒和一些食物。书中的文献给读者介绍了另外一些有关芳香和气味的受欢迎的材料。

Meeuse, B. J. D. *The Story of Pollination*. New York: Ronald Press, 1961. 本书中有两章是写给普通读者的，介绍了花朵颜色的制造和表达。20 世纪早期为了考察昆虫视觉做过一些实验，作者很善于解释这些行为实验的意义。

*Vogel, S. *The Role of Scent Glands in Pollination*. New Delhi: Model Press, 1990. 这是一部名著的英译本，最早于 1963 年以德文出版。作者重点考察了长着最大、最复杂的腺体的兰科、萝藦科和天南星科植物的花。

第九章　回报

Bernhardt, P. *Natural Affairs: A Botanist Looks at the Attachments between Plants and People*. New York: Villard, 1993. 这本书的第七章考察了过去四百年人们对花蜜的研究，第十章考察了收集兰花香味的雄蜂。

*Fahn, A. *Secretory Tissue in Plants*. New York: Academic Press, 1979. 作者的研究主导植物腺体研究超过了三十年。如果你读完花蜜腺那一章，可以继续了解分泌出盐、毒物、胶水、乳液和消化酶的腺体。

Seymour, R. S., and P. S. Schultze-Motel. Thermoregulating lotus flowers. *Nature* 383 （1996）: 305. 用确凿的证据表明：我们最喜爱的花，常常是我们了解最少的花。文章中的一张图展示了花的温度在几天时间中发生的涨落。

*Vinson, B. V., G.W. Frankie, and H. J. Williams. Chemical ecology of bees of the genus *Centris*（Hymenoptera. Apidae）. *Florida Entomologist* 79（1996）: 109-129. 一份全面的评论，解释了这些蜜蜂为什么以及如何收集花油。

第十章　不招人喜欢但颇有效

*Goldblatt, P., J. C. Manning, and P. Bernhardt. Pollination biology of *Laperirousia* subgenus *Lapeirousia*（Iridaceae） in southern Africa: Floral divergence and adaptation for long-tongued fly pollination. *Annals of the Missouri Botanical Garden* 82（1995）: 517-534. 描述了拉培疏鸢尾和几种飞蝇的关系，解释了为什么这些昆虫对其他野花非常重要。

*Hawkeswood, T. *Beetles of Australia*. North Ryde, New South Wales, Australia: Angus and Robertson, 1987. 一个科一个科地介绍不熟悉的昆虫，描述了它们的取食习性和对花朵的偏好。包含一些行动中的花甲（flower beetles）的彩色照片。

Proctor, M., P. Yeo, and A. Lack. *The Natural History of Pollination*. Portland, Ore.: Timber Press, 1996. 本书是写给一位想象中的英国读者的。讨论蝇传粉的部分论述比较深入，并且通俗易懂。

Young, A. M. *The Chocolate Tree*. Washington, D. C.: Smithsonian Institution Press, 1994. 本书中的有一章全部用来讨论可可花与蝇的关系。

第十一章　精神分析与小夜曲

*Arianoutsou, M., and R. H. Groves, eds. *Plant-Animal Interactions in Mediterranean-Type Ecosystems.* Dordrecht, Netherlands: Kluwer, 1994. 第十三章由 S. Johnson 博士和 W.J.Bond 博士撰写，他们解释了山地美蝴蝶与南非野花的独特关系。

Bernhardt, P. *Wily Violets and Underground Orchids*. New York: Morrow, 1989. 第八章讨论了合蕊林仙树的蛾传粉过程，第十六章讨论了达尔文对来自马达加斯加夜间开花的兰花的研究，以及他的工作在他去世后一个世纪里如何最终得到证明。

Buchmann, S. L., and G.P. Nabhan. *The Forgotten Pollinators*. Washington, D.C.: Island Press, 1996. 作者坚决主张，野花保护必须包括对植物与动物特殊关系的保护。在全世界范围内，鹰蛾传粉可能已处濒危境地。

*Grant, V., and K. A. Grant. *Flower Pollination in the Phlox Family*. New York:

Columbia University Press, 1985. 这部经典著作可让读者比较蝴蝶对福禄考的传粉与鹰蛾对吉利草的传粉。

Milius, S. How bright is a butterfly? *Science News* 153（1998）: 233-235. 由 Martha Weiss 和其他人实施的实验指出，有些蝴蝶能比野蜂和蜜蜂更快地学会从陌生的花朵上采蜜。

第十二章　忠诚与不忠诚的蜜蜂

*McNaughton, I. H., and J. L. Harper. The comparative biology of closely related species living in the same area. 第一部分: External breeding-barriers between *Papaver* species. *New Phytologist* 59（1960）: 15-26. 野外观察表明，蜜蜂能够区分生长在同一块草地上的罂粟属的不同种。这篇文章中的图表描述了个体昆虫在采食花粉时是如何"改变主意"的。

*O'Toole, C., and A. Raw. *Bees of the World*. London: Blandford Press, 1991. 此文献在英格兰以外很难找到，但它最通俗地介绍了蜜蜂的多样性、蜜蜂的生命周期及其与花朵的关系。

*Roubik, D. W. Ecology and Natural History of Tropical Bees. New York: Cambridge University Press, 1989. 本书的第二章主要讨论了从大戟科植物、旋花科植物和热带丛林中采集树脂、花粉、花蜜、油脂和香味的昆虫。

第十三章　会叫的树

*Ford, H. A., and D. C. Paton, eds.*The Dynamic Partnership: Birds and Plants in Southern Australia*. South Australia: Government Printer, 1986. 本书中 14 位作者讨论了澳大利亚鸟类在本土植被进化中的作用。其中一半的篇幅讨论鸟的传粉。

*Grant, K. A., and V. Grant. *Hummingbirds and Their Flowers*. New York: Columbia University Press, 1968. 一部出版 30 多年后依然有很大影响的博物学著作。本书描写了美国大西南和西海岸地区蜂鸟和野花的生态学。

*Nowak, R. M. *Walker's Bats of the World*. Baltimore, Md.: John Hopkins University Press, 1994. 本书中的描写和插图使业余爱好者很容易理解叶鼻蝠和狐蝠的

差别。许多花蝠照片显示它们长着长长的带硬毛的舌头。

第十四章　F 代表伪装（Fake）和花朵（Flower）

Dressler, R. L. *The Orchids: Natural History and Classification*. Cambridge, Mass.: Harvard University Press, 1981. 本书第四章很好地评述了兰科植物通过欺骗来传粉的过程。不过应当提醒读者，在此之后 Dressler 教授已经改变了有关此科植物分类与进化关系的观点。

第十五章　飘散于空中

Knox, R. B. *Pollen and Allergy: Studies in Biology*. Vol. 107. London: Edward Arnold, 1979. 我很愿意推荐我以前导师的一部短小而颇受欢迎的作品，它是写给高中生的。

*Niklas, K. J. *Plant Biomechanics: An Engineering Approach to Plant Form and Function*. Chicago: University of Chicago Press, 1992. 本书的第九章比较了多种能将花粉、种子和果实释放到空中的植物。

第十六章　自我婚配和处女生殖

*Richards,A.J. *Plant Breeding Systems*. London: Allen and Unwin, 1986. 推荐植物繁殖遗传学方面一部很好的论著。第九章和第十章分别讨论了自花传粉和"无配子种子生殖"。

*Richards, A. J., J.Kirschner, J. Stepanek, and K. Marhold, eds. *Apomixis and Taxonomy: Special Features in Biosystematics and Biodiversity*. Vol.1. Uppsala, Sweden: Opulus Press, 1995. 25 位作者为本书撰写了论文，探讨菊科、蔷薇科和藤黄科植物的无性种子生产。显微照片展示了无花粉情况下健康胚的发育以及处女生殖如何改变染色体的数目。

*Schemske, D. W., M. F. Willson, M.N.Melampy, L. J. Miller, L.Verner, R. M. Schemske, and L. B. Best. Flowering ecology of some spring woodland herbs. *Ecology* 59（1978）: 351-366. 这篇先锋性的论文率先考察了自花传粉作为一种确保在恶劣条件下获得一定坐果率而采取的"故障保护"机制。文章

比较了伊利诺伊州林地常见的五种美国植物物种。

第十七章 第一批花朵

*Friis, E. M., W. G. Chaloner, and P. R. Crane, eds. *The Origins of Angiosperms and Their Biological Consequences*. Cambridge, England: Cambridge University Press, 1987. 书中由多人署名的十章内容阐述了开花植物的起源和传播。其中有两章讨论了化石花和造访花朵的昆虫，有三章探讨了植物、恐龙和早期哺乳动物之间的互动关系。

Grimaldi, D. *Amber: Window to the Past*. New York: Abrams and American Museum of Natural History, 1996. 本书提供了一个明显例证：一部科学书可以既有科技含量同时非常优美。这部书极好地介绍了一种颇受欢迎但越来越昂贵的宝石的起源及相关内容。

Labandeira, C. How old is the flower and the fly? *Science* 280（1998）: 57-59. 作者令人信服地论证了，花的历史可追溯到白垩纪以前，作者对最古老的采食花粉的昆虫化石及其石化的粪便进行了分析。

*Stewart, W. N. *Paleobotany and the Evolution of Plants*. Cambridge, England: Cambridge University Press, 1983. 作为对一些重要发现的研究结果，这部参考书出版后已经过时了，但它是讲述从最早期的藻类到开花植物（如古蔷薇）等类植物（plantlike）化石起源的为数不多的著作之一。

译后记

今天是牛年正月十六，上午完成了译文初稿，如释重负；下午到北京鹫峰温室赏梅，蜜蜂飞舞、梅香扑鼻。不知蜜蜂是视力好还是嗅觉灵，还是有别的什么特异功能，在春寒料峭之际自己找到了温室，在几十个品种的梅树间穿梭，时而在花丝丛间爬来爬去。我已询问过，蜜蜂不是特意放养的。蜜蜂在解决自己的温饱问题，这是事实，但它们的行动也惠及他物、他人。伯恩哈特的《玫瑰之吻》中有些章节就讨论了花与昆虫的互动关系。

一

　　我不算忙人，经常有空闲到野外走走，似乎能"准博物地"生存，不巧的是这一年"杂事"颇多，译书只能抢着利用零散时间了。如田松博士所言，一天也就译一千字多一点，再多了就烦了。可以想见，在中国大陆靠译书过活，几乎会饿死。我本不该接手翻译植物书的活儿，中国植物学家们做这事更合适，因为他们是专家。但有人讲，科学家们都忙于"创新"了，不愿意做科学传播，而且有的人内心里也瞧不起科普。细想一下，似乎有道理，最近20年中国的植物学家写过、翻译过几部植物学普及性读物？如果不仔细搜寻，恐怕不易找到。

　　这算是为我这个外行不自量力翻译这部植物书找点理由吧！

　　不过，我真的喜欢植物，不是装的；我真的喜欢伯恩哈特的这本《玫瑰之吻》，也不是装的。因此，我希望换一个"范式"来重新叙述这件事：本人英语、中文水平极有限，也没有在课堂上学过植物学，但是我愿意把我对植物的感受、热爱与人们分享，我自愿费力甚至可以不计任何报酬地翻译它、让更多的中国人读到它。许多年轻人英语都不错，能够直接读原文，但是他们可能根本就不会注意这种书的存在，因此我的作用是通过翻译提醒它的存在，然后利用我微薄的影响力宣传它的存在。

　　有人又说了，有工夫你不如多做点"正事"，做翻译的话也要多译哲学著作。似乎有道理，但我认为，博物学也是正事，也与哲学有关。

　　哲学的祖师爷之一亚里士多德虽不精通植物学但是动物学专家，他的大弟子特奥弗拉斯特是西方植物学之父，既是哲学家也是植物学家。"哲学＋植物学"的奇特组合并非只此一例。法国哲学家卢梭（Jean-

Jacques Rousseau，1712—1778）是个植物爱好者，去世前 15 年间他主要在研究植物。卢梭有优秀的植物作品存世（在他去世后 4 年正式出版），包括 8 封著名的植物学通信（"让一位五岁女孩对植物学有基本的了解"）和未完成的植物学词典。他也是位一流的植物学传播家。卢梭植物学著作的英译本（剑桥大学教授 Thomas Martyn 翻译）在植物学传播史上影响甚大，到 1815 年出过 8 版，美国总统托马斯·杰弗逊还收藏了一本。卢梭对植物的热爱与其哲学密不可分。虽然卢梭自称他关注植物"目的只是为了不断找出热爱大自然的新理由"，但曲爱丽（Gail Alexandra Cook，1960—　）的博士论文《卢梭的"道德植物学"：卢梭作品中的自然、科学、政治学与心灵》（1994）展示了植物学、哲学、环境伦理学、政治学在卢梭那里是自然地混合在一起的。卢梭的植物学影响了德国哲学家歌德（Johnn Wolfgang von Goethe，1749—1832），歌德也是位植物学高手，写过《植物的变形》。按现在的说法，歌德在植物学上有"原创性"成果，他天才地指出植物的所有器官都是叶变形的结果。再近一些，著名思想家、哲学家梭罗（Henry David Thoreau，1817—1862）也是位植物学高手，他写的《对一粒种子的信念》是优秀的植物生态学著作。苏贤贵告诉我梭罗甚至有不凡的 SCI（科学引文索引）表现！提出土地伦理思想的利奥波德（Aldo Leopold，1887—1948）既是林学家、生态学家也是影响越来越大的哲学家，《沙乡年鉴》既是哲学、文学作品也是科学、博物学论著。

　　所有这些哲人的所谓植物学工作，与当今科技界搞科研可能出于不完全相同的动机，哲人关注植物出于"工具理性"的考虑并不很多。或许是，见色明心，明心见性。准确讲，他们做的不是科学，而是博物学。科学与博物学有交叉的部分，但毕竟不是一种东西。如果此说法有争议的话，我宁愿固执地把他们所做的工作重新定义为博物学。

复兴博物学，是一项与哲学有关系的重要企图，是我个人有可能出点力的事业。它是那样不着边际，然而又是那样朴素、真实可感。"回到生活世界"，哲学有了根基，我们每日的生存萌生着希望。布莱克（William Blake，1757—1827）说："To see a world in a grain of sand, and a heaven in a wild flower"；佛经说："佛土生五色茎，一花一世界，一叶一如来。"谁说花花草草与哲学无关？

佛陀拈花，惟迦叶微笑。

即使不说科学、哲学、神学，被劫持在飞奔的"现代性列车"上，我们一定程度上也向往着在"柴积上日黄中"看风景吧。

况且，只需要换一个名词，我们也可以这样申辩："对我们这样的少数派，有机会看大雁比有机会看电视更重要，有机会欣赏白头翁就像言论自由一样不可剥夺。（For us of the minority, the opportunity to see geese is more important than television, and the chance to find a *Pulsatilla chinensis* is a right as inalienable as free speech. ）" [①]

不但如此，还有更强的要求，生活世界的哲学应当是将人类的活动重新纳入大自然的体系，而不是让大自然迁就见识不多的人类；我们需要一场"范式转变"，如何实现呢？如利奥波德所言，先要建立新的价值标准："用自然的、野性的和自由的东西来重估造作的、驯服的和受限的东西。（reappraising things unnatural, tame, and confined in terms of things natural, wild and free. ）"

---

① 利奥波德要欣赏的是"北美白头翁"（pasque-flower），我们可换成本土植物白头翁（*Pulsatilla chinensis*）。引文见 Aldo Leopold, *A Sand County Almanac and Sketches Here and There*, Oxford University Press, 1987, pp. vii-ix.

二

众所周知，普通人接触植物学遇到最多的是植物名称的问题，一物多名，一名多物的情况极为常见。为了减少歧义，翻译过程中尽可能保留了拉丁学名。如果原文中只提到种名、属名，翻译时一般会补充说明它所在的"科"。

书中许多植物学名没有对应的中文译名，或者有对应译名而我的阅历有限没有找到，在这种情况下，考虑到读者并非专业植物学工作者，译者尽可能按构词法和译名习惯"编造"一个中文名称。这些译名肯定有不妥或者错误的，好在均注明了原文，不至于在名实对应上出大错。翻译此书我也有一个感觉，"植物学名词审定"有许多基础性工作要做，因为有大量科、属一级的拉丁学名竟然没有对应的中文译名，这对于植物学教育与传播很不利。

翻译中也遇到一些麻烦事，如 perfect flower 和 complete flower，并没有一一对应的权威译名。《图解植物学词典》将 perfect 和 complete 都译成"完全的"，混淆了两个完全不同的概念。于是我根据原文的意思，将它们分别译成"完全花"和"完备花"。也许这会惹部分植物学行家不高兴，但本书是面向普通读者的，译文只要做到自洽、读者明白它们的所指就可以，无需向植物学共同体负责。另外，中国植物学共同体也并非把许多术语都界定得很清楚，我发现许多植物学家左右不分①，比如《中国植物志》把"紫藤"和"黄独"茎的手性都描写为左旋，实

① 这样说似乎太重了，准确说应当是"界定不明确、用法不统一"。实际上这并非只有中国植物学界才这样。什么叫左什么叫右，需要定义。定义可以不同，但在同一著作中要保持一致。之所以指出这一点，是因为我曾上过当！

际上两者公转手性正好相反；《中国高等植物图鉴》把"穿龙薯蓣"和"黏山药"茎的手性一个描写成左旋一个描写成右旋，实际上两者公转手性完全一样。不管中国植物学界如何定义左旋和右旋，但必须前后一致。

三

没有北大出版社王立刚先生的邀请，我不会想着翻译这本书，因此首先要感谢立刚的信任，并宽限我几个月交稿。编辑吴敏对译稿做了细致、出色的编辑工作。

翻译过程中我不断地打扰原作者伯恩哈特教授，多是请教一些植物名称的所指，也讨论一些英语表达问题和文化现象。伯恩哈特总是在第一时间给我回信，尽可能清楚地解答我的疑问，有时他还调动他在各地的同行帮我查对一些信息。举一个例子，第十七章英文版原文中用到 hypeperlids 这样一个词，翻译时我怀疑这个词可能为 hypoperlids 误拼，写信问作者并希望他解释一下这个词的来历。伯恩哈特很谨慎，他写信问史密森研究院的古植物学专家 Conrad C. Labandeira 博士。不巧，Labandeira 去南非了，伯恩哈特让我等一等。一周后，消息反馈回来。Labandeira 说，hypoperlid 或更正式的 Hypoperlida 已经不再使用，应当用 Oliver Béthoux 给出新的分类单位 Archaeorthoptera 替换。伯恩哈特答复我：用 Archaeorthoptera 或 Archaeorthopterans 换掉英文版中的 hypeperlids。这样，这个麻烦就算解决了，因为 Archae = ancient or ancestral（古代）；Orthoptera = straight wings（直翅）。翻译中类似的情形还有几次。设想一下，如果没有因特网，为这样一个词到图书馆可能要跑断腿（当年与潘涛合伙翻译《滍鉴》时，就不断跑图书馆查材料），而且未必能解决问题。

伯恩哈特对中国非常友好，特意为中文版而修订了最后一章中的若干段落，也欣然为中文版写序。作为译者，我非常感谢伯恩哈特教授，有机会先生来北京，我要陪他看看北京的野花。

2008年奥运会期间田松邀我去云南丽江，在那里我认识了田松的朋友、很有博物学素养的钱映紫。我们一起在束河、玉湖看各种植物，可惜她未能同行到香格里拉和泸沽湖看野花。映紫仔细修订了本书的文字，帮我调整了一些可能出现歧义的中文表述。我的学生熊姣帮我再次检查了中文稿，排除了一些错误，文字通顺了许多。我的老爸也帮我清除了一些错误。说起来老爸是我儿时真正的植物学老师，他教我认识了家乡的许多植物。对他们的细心工作和奉献精神，深表谢意。

中国科学院植物学研究所兰科专家罗毅波教授耐心解答了若干问题，并审阅了中文版序言，一并表示感谢。罗教授邀我去湖南看植物，闻讯后我非常高兴，不巧赶上我们系里有事，脱不了身，辜负了罗教授的一片好意。2009年8月17日终于有机会，罗老师带我到湖南新宁的崀山国家级自然保护区考察植物生态。

显而易见，译文中出现的任何错误都应由我一人承担。

四

博物类科学门槛低，其传播本来相对容易些，但是由于多种原因我们做得也不好，其中缺少必要的入门读物是一个重要原因。有一位南方的年轻朋友给我写信抱怨，中国人没有写出一本像样的、可供爱好者参考的关于贝壳的图书。我无法确证这件事。我手边倒是有一部不错的贝壳手册，是丹斯（S. Peter Dance）写的《贝壳》，还有一本是盲人弗尔迈伊（G. J. Vermeij）写的《贝壳的自然史》。好像中国人写的关于贝壳的通俗读物不多。[①]植物学的情况也差不多，也可能稍好些。

借此机会，我愿意把自己知道的近期散见于各处的若干不错的中文版植物学或者植物文化图书（专著与教科书不计在内）罗列在此，也算为植物爱好者做一点小事吧。这份单子肯定遗漏了一些好书，欢迎大家补充。有兴趣的人可以建立一个"植物学传播出版物博客"，大家各自出力，会把它做得很全面。作为一名植物爱好者，希望见到更多的国外植物学著作被翻译成中文。

1. 工具类

■《图解植物学词典》，哈里斯等著，王宇飞等译，北京：科学出版社，2001 年。应当优先推荐的一部极为罕见、非常有用的参考书。书中借助图形解释了几乎所有植物形态学的术语。

■《中国高等植物图鉴》（5 卷），中国科学院植物研究所编，北京：科学出版社，2001 年。值得个人收藏的一套中等规模的工具书。所收植物覆盖全国。

■《北京植物志》（上下册），贺士元等编，北京：北京出版社，1994 年。北方读者必备的、早应该出新版但目前尚无法取代的一部工具书。

■《植物名释札记》，夏纬瑛著，北京：中国农业出版社，1990 年。考证、解释了许多植物中文名的来历。可惜内容不够全。

---

① 据我所知，张素萍、顾茂彬、李海燕等分别编写过比较实用的贝类图鉴。

■《北京地区的物候日历及其应用》，杨国栋、陈效逑著，北京：首都师范大学出版社，1995年。北京地区植物爱好者可以参考、并且可以参与修订的一部博物学著作。

■《中国植物志》电子版（地址为 http://frps.eflora.cn）。我个人认为，这是中国科学家所做的最了不起、最对得起百姓的工作之一。外行一开始想象不到它有多么重要、多么方便实用。国家有关部门应当大力支持类似的科学传播工作。

2. 文化类

■《植物的欲望：植物眼中的世界》，波伦著，王毅译，上海：上海世纪出版集团，2003年。一部非常优秀的畅销书，我还没发现有人说它不好。

■《浮生悠悠》，丘彦明著，北京：生活·读书·新知三联书店，2003年。书中所述内容谈不上什么"科学"，但是字里行间渗透着一份深情，它的力量来自作者的亲身体验。

■《香草文化史》，雷恩著，侯开宗等译，北京：商务印书馆，2007年。专门写香荚兰的植物书，故事很多。读这部书让我渴望读到某一年某一人写出一本《辣椒文化史》博物学著作。

■《香料传奇》，特纳著，周子平译，北京：生活·读书·新知三联书店，2007年。倘若历史允许假设，我们可以设想，如果当初哥伦布和麦哲伦没有远航寻找香料，世界史或许会有极大的不同？

■《植物记》，安歌著，长沙：湖南文艺出版社，2007年。诗人描写她在新疆和海南体验到的一些普通植物，具体而生动。

■《不该遗忘的胡先骕》，胡宗刚著，武汉：长江文艺出版社，2005

年。描写了一位有个性的植物学大人物的坎坷经历。

■《植物猎人》，马斯格洛夫等著，杨春丽等译，广州：希望出版社，2005 年。描写了植物采集史、植物学史上一些重要人物的故事。帝国主义全球扩张也包含着植物采集的全球化，去掉掠夺的历史印痕，植物猎人对植物热爱还是可以抽象继承的。

■《改变世界的植物》，马斯格洛夫等著，董晓黎译，广州：希望出版社，2005 年。

■《植物的故事》，帕福德著，周继岚、刘路明译，北京：生活·读书·新知三联书店，2008 年。本书描写了植物学早期的历史。

■《植物学》（中国科学技术史第 6 卷第 1 分册），李约瑟著，北京、上海：科学出版社、上海古籍出版社，2006 年。中国人自己在本土上无法写出的一部优秀的中国古代植物学史。

■《植物之美》，佩尔特等著，陈志萱译，北京：时事出版社，2003 年。

■《西双版纳热带植物园》，王雨宁等著，保定：河北大学出版社，2004 年。

■《中国兰文化探源》，陈彤彦著，昆明：云南科技出版社，2004 年。

■《吃太阳的家伙》，保尔森著，陈瑛译，北京：生活·读书·新知三联书店，2005 年。

■《绿金》，赫伯豪斯著，李春、黄琼译，北京大学出版社，2005 年。

■《对一粒种子的信念》（中译本译作"种子的信念"），梭罗著，孙晶译，北京：北京燕山出版社，2005 年。

■《古代百花诗选注》，向新阳、孙家富编，武汉：湖北教育出版社，1985 年。

■《玉米与资本主义》，瓦尔曼著，谷晓静译，上海：华东师范大学出版社，2005 年。

■《花朵的秘密生命》，萝赛著，钟友珊译，桂林：广西师范大学出版社，2004 年。

■《看草》，何频著，郑州：河南文艺出版社，2008 年。

■《那些花儿：与 100 种野花的邂逅》，郭宪著，重庆：重庆大学出版社，2009 年。

■《影树流花》，安歌著，重庆：重庆大学出版社，2010 年。

■《植物的识别》，汪劲武著，北京：人民教育出版社，2010 年。

■《邮票图说花卉奇观》，李毅民、赵志贤著，北京：科学普及出版社，2011 年。

■《杂花生树》，何频著，郑州：河南文艺出版社，2012 年。

■《东乡草木记》，谭庆禄著，青岛：青岛出版社，2012 年。

■《发现之旅》，赖斯著，林洁盈译，北京：商务印书馆，2012 年。

■《植物探险家：11 位植物学家的科考纪实》，玛丽·格里宾、约翰·格里宾著，薄三郎译，南京：江苏科学技术出版社，2013 年。

■《植物学通信》(第二版)，卢梭著，熊姣译，北京：北京大学出版社，2013 年。

■《植物名字的故事》，刘夙著，北京：人民邮电出版社，2013 年。

■《采绿》，涂昕著，北京：中国华侨出版社，2014 年。

■《檀岛花事：夏威夷植物日记》，刘华杰著，北京：中国科学技术出版社，2014 年。

■《南开花事》，莫训强著，北京：商务印书馆，2014 年。

3. 图谱类

■《北京森林植物图谱》，王小平等著，北京：科学出版社，2008 年。一部很不错、很实用但贵得要命的植物图谱书。所收植物再增加一倍就更好了。

■《常见野花》，汪劲武编，北京：中国林业出版社，2004 年。权威专家汪老师编写的一部很实用的口袋书。同样，所收植物应当再多些。

■《观赏树木 200 种》，薛聪贤编，北京：北京科学技术出版社，2001 年。

■《红楼梦植物图鉴》，潘富俊著，上海：上海书店出版社，2005 年。

■《中草药花谱》，广西药用植物园编，广州：广东科技出版社，2006 年。

■《南方药用植物图鉴》，王玉生、蔡岳文主编，汕头：汕头大学出版社，2004 年。

■《中国常见植物野外识别手册（山东册）》，刘冰著，北京：高等教育出版社，2009 年。

■《海南植物图志》（1—8），杨小波主编，北京：科学出版社，2015 年。

■《燕园草木补》，刘华杰编著，北京：中国科学技术出版社，2015 年。

刘华杰

2009 年 2 月 10 日于北京西三旗

2015 年 1 月修订

中文新版后记

2008 年春，北京大学出版社编辑王立刚找我翻译《玫瑰之吻：花的博物学》，中译本于 2009 年由北京大学出版社出版。

没想到在中国它会卖得非常好，不久就买不到了。几年后一直有人向我打听哪儿能买到。我便询问出版社是否可以重印，回答是，要问领导。后来再问，说中文版版权已经过期了，无法重印！我再问，北大社是否想重新购买版权，回答是，否。

我便联系能否由上海交通大学出版社重新购买中文版版权来出版，美方的回复是，要尊重北京大学出版社的优先权。过了几个月，上海交通大学出版社的编辑告诉我已经拿到版权。正在此时，北大社的编辑给我打电话，说社里想重印此书！

　　我是译者和博物学爱好者，仅此而已，管不了那么多。谁出版都一样，读者想读能读到就成。

　　不管怎么说，还是要感谢北京大学出版社，特别是对我帮助甚大的王立刚、吴敏。

　　由于翻译此书，我结识了中国科学院植物研究所的罗毅波先生。罗先生后来在多方面帮助我，我们还有机会一起到野外考察。我在湖南崀山认识了罗毅波的父亲罗仲春老先生，一位优秀的植物学家。多年后我向中国科学技术出版社杨虚杰女士推荐罗仲春先生为家乡崀山写一部植物文化书，此时写作正在进行中。

　　《玫瑰之吻》能移至上海交大出版社重新出版，得感谢上海交通大学出版社的韩建民社长、许苏葵编审作出的努力。

　　新版修订了若干错别字，译文没有大的改动。

刘华杰

2015 年 1 月 19 日